普通高等农林院校新理科应用型人才培养实用教材

生物工程综合实验

主　编　张庆华

副主编　郭晓燕　张　宝　刘景利

U0285073

西南交通大学出版社
·成　都·

图书在版编目（CIP）数据

生物工程综合实验 / 张庆华主编. -- 成都：西南
交通大学出版社，2025.3. --（普通高等农林院校新理
科应用型人才培养实用教材）. --ISBN 978-7-5774
-0311-3

Ⅰ. Q81-33

中国国家版本馆 CIP 数据核字第 2025LX9352 号

普通高等农林院校新理科应用型人才培养实用教材

Shengwu Gongcheng Zonghe Shiyan

生物工程综合实验

主　编／张庆华

策划编辑／罗在伟
责任编辑／赵永铭
责任校对／左凌涛
封面设计／吴　兵

西南交通大学出版社出版发行

（四川省成都市金牛区二环路北一段 111 号西南交通大学创新大厦 21 楼　610031）

营销部电话：028-87600564　　028-87600533

网址：https://www.xnjdcbs.com

印刷：成都中永印务有限责任公司

成品尺寸　185 mm×260 mm

印张　14.5　字数　324 千

版次　2025 年 3 月第 1 版　　印次　2025 年 3 月第 1 次

书号　ISBN 978-7-5774-0311-3

定价　42.00 元

课件咨询电话：028-81435775

图书如有印装质量问题　本社负责退换

　　随着现代科技和社会的不断进步，对人才的需求正逐步向综合型、创新型、实践型转变。这一趋势对高等教育事业提出了新的、更高的要求。特别是在生命科学和生物技术迅猛发展的当下，社会对生物工程人才的需求量日益增加。作为生物高科技人才培养的摇篮，高校肩负着培养具备扎实理论知识和实践技能的生物工程专业人才的艰巨使命。

　　生物工程学科是将生命科学研究成果转化为实际生产力的重要桥梁，具有很强的实践性和应用性。社会不仅要求生物工程本科毕业生具备扎实的基础理论知识，更要求他们具备出色的实验技能、动手能力以及分析和解决实际问题的能力。为此，综合实验课程的设置显得尤为重要。这些课程将基础知识和专业知识有机结合，不仅体现了学科的专业特色，更紧密衔接了实际应用，促进学生在理论和实践中不断创新和成长。我们组织了多位长期从事生物工程教学和科研工作的专家学者，在查阅大量文献资料和研究成果的基础上，结合自身在教学和科研中的丰富经验，精心编写了本书。全书共八章，涵盖了工业微生物育种、生物发酵工程、生物分离工程、生物发酵分析与检测、角蛋白酶中试生产虚拟仿真、计算机数据采集与控制、实验数据分析等领域的实验技术。

　　在编写过程中，我们充分参考了专业培养目标，并充分考虑学生的需求，力求做到理论联系实际，既保证常规技术的系统讲解，又反映本领域的新技术和新成就。我们希望通过本书，学生不仅能够掌握生物工程领域的基础知识和实验技能，更能够培养创新思维和实际操作能力，为未来的科研和工作打下坚实的基础。本书适用于高等院校生物工程、生物技术、生物科学等专业的本科实验教学，同时也可供相关领域的研究者和生产人员参考使用。希望本书能够在生物工程人才的培养过程中发挥积极作用，助力中国生物科技事业的蓬勃发展。

　　本书由江西农业大学张庆华（第三章）、郭晓燕（第二章）、张宝（第一章、第四章、第六章）和刘景利（第五章）共同编写，由于编者学识水平有限，书中不妥和疏漏之处在所难免，敬请读者不吝赐教，提出宝贵意见。

编　者

2025 年 1 月

第一章 实验设计与数据分析

>>> 第一节 计算机数据采集与控制

一、概 述

现代科学技术领域中，计算机技术和自动化技术被认为是发展最迅速的两个分支，计算机控制技术是这两个分支相结合的产物，是工业自动化的重要支柱。新的化工原理实验改变传统的手工操作，采用计算机数据在线采集和自动控制系统，使之更接近现代化工生产过程。

在化工原理实验中，采用计算机数据在线采集和自动控制系统，通常包括自动检测、自动保护和自动控制等方面的内容。例如自动控制系统能自动地排除各种干扰因素对工艺参数的影响，使它们始终保持在预先规定的数值上，保证实验维持在最佳或正常的工艺操作状态。

一个完整的计算机数据在线采集和自动控制系统由硬件和软件组成。硬件一般包括计算机、标准外部设备、输入输出通道、接口、运行操作台、被控对象等，它的核心是CPU。CPU 与存储器和输入/输出电路部件的连接需要一个接口来实现。前者称为存储器接口，后者称为 I/O 接口。存储器通常是在 CPU 的同步控制下工作的，其接口电路及相应的控制比较简单；而计算机与外界的各种联系与控制均是通过 I/O 接口来实现的，I/O 设备品种繁多，其相应的 I/O 电路也各不相同，以实现各类信息和命令的顺利传送。软件通常分为系统软件和应用软件两大部分。系统软件一般由计算机生产厂家提供，有一定的通用性。应用软件是为执行具体任务而编制的，一般由用户自行建立，至于使用哪一种语言来编制程序，取决于整个系统的要求和软件配置情况。

二、计算机数据采集和控制的原理及构成

在被测对象上安装传感器或变送器，通过传感器或变送器可以获取参数信号，这些信号经过转换之后就成为标准的电信号，通过这些信号可以识别、分析并控制该系统。但计算机处理的是数字量，因此需要对模拟信号进行采样、保持、模/数（A/D）转换为

数字量，然后用计算机对这些已经离散并量化的数字信号进行采集和处理。当需要控制时，还要将由计算机发出的数字（D）信号转化为模拟量（A）输出，即 D/A 转换，转换后的模拟量经过执行器，就可对被测对象进行控制。图 1-1 为计算机采集控制框图。

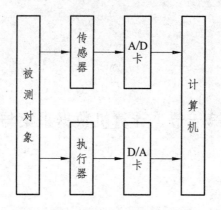

图 1-1　计算机采集控制框图

（一）采集和控制系统各部件的主要功能

1. 传感器

用来将压力、流量、温度等参数转换为一定的便于传送的信号（例电信号或气压信号）的仪表通常称为传感器。当传感器的输出为单元组合仪表中规定的标准信号时，通常称为变送器。

2. A/D 转换卡

A/D 转换卡又称 A/D 接口板，通常是以 A/D 芯片为中心，配上各种辅助电路。一般由 A/D 转换器、多路转换开关、平衡桥式放大器、采样保持电路、逻辑控制及供电等组成。主要部件功能概述如下：

A/D 转换器是将模拟电压或电流转换成数字量的元件，是模拟系统和数字设备或计算机之间的接口。实现 A/D 转换的方法有多种，基本方法为：二进制斜坡法、积分法、逐项比较法、并行比较法和电压到频率转换法等。

多路转换开关的作用是：为了共用一个采样保持器和 A/D 转换电路或 D/A 转换电路，需分时地将多个模拟信号接通，或将不同的模拟量分时地送给多个受控对象，能完成这种功能的器件叫多路转换开关。

采样保持电路的功能是对被转换的信号进行采样并能保持住这一信号的电平。当对连续的模拟信号进行采样使其离散化然后转换变成数字量时，由于 A/D 完成一次转换需要一定的时间，在转换期间，高速变化的信号的值可能已发生变化。为了使瞬时采样的离散值保持到下一次采样为止，就需用采样保持电路。

3. D/A 转换卡

通常是以 D/A 芯片为中心，配上各种辅助电路。一般由 D/A 转换器、匹配电路、逻辑控制及供电等组成。

D/A 转换器是 D/A 转换卡的核心，它在计算机的指挥下将数字信号转化为模拟量以电流或电压方式输出。匹配电路主要是完成阻抗匹配，极性转换等功能，也即按照执行器输入的要求把 D/A 卡的输出调整成满足执行器输入要求的电信号，以驱动执行器。

4. 执行器

执行器在匹配电路的作用下，产生动作控制被控对象完成控制任务。

（二）采集和控制示例

以传热实验为例，介绍温度、电压、电流数据的采集和蒸汽发生器电功率的控制。

1. 温度数据的采集

传热实验需测定空气的进出口温度、蒸汽的温度、壁温，需了解蒸汽发生器的水温等。在需要测温的部位安装有 Pt100 铂电阻温度计（见图 1-2），将铂电阻采集到的电阻信号通过温度变送器把电阻信号转换成 4～20 mA 电流信号，再经过 24 V 电源和 250 Ω 的电阻把电流信号转化成 1～5 V 的电压信号，然后通过 A/D 转换成数字信号后传输到计算机中，在计算机程序中应用数字滤波采集到的数字信号按照其变化关系转化成温度在计算机屏幕上显示出来。

2. 电压、电流数据的采集

在电路中串联一个电流变送器，并联一个电压变送器（见图 1-3）。它们分别将电流、电压信号转化成 0～5 V 标准电压信号后经 A/D 转换卡输送到计算机程序中，经计算机处理后在计算机屏幕上显示出电压、电流的数值。

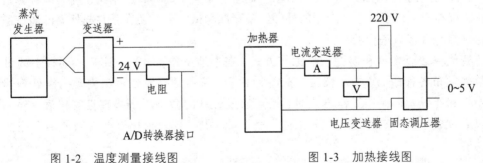

图 1-2　温度测量接线图　　　　图 1-3　加热接线图

3. 电功率的计算机控制

在被控参数加热功率与给定值相等时，固态继电器不改变调压方式。如果实际功率与给定值不同，电流、电压变送器将检测到的信号经 A/D 转换卡传输到计算机程序中，此时，计算机向 D/A 转换器发出信号来改变固态继电器中的电压直至加热功率与给定值相等。加热器计算机控制如图 1-4 所示。

三、智能仪表

仪表中含有一个单片计算机或微型机或 GP-IB 接口，亦称为内含微处理器的仪表。这类仪表因为功能丰富又很灵巧，国外书刊中常称为智能仪表（Intelligent Instruments）。

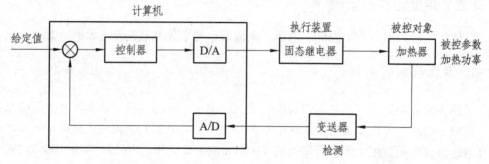

图 1-4　加热器计算机控制基本框图

传统的仪表是通过硬件电路来实现某一特定功能的，如需增加新的功能或拓展测量范围，则需增设新的电路。而智能仪表把仪表的主要功能集中存放在 ROM 中，不需全面改变硬件设计，只要改变存放在 ROM 中的软件内容，就可改变仪表的功能，增加了仪表的灵活性。

（一）智能仪表的结构和工作方式

智能仪表的基本组成如图 1-5 所示。显然这是典型的计算机结构，与一般计算机的差别不仅在于它多了一个"专用的外围设备"即测试电路，还在于它与外界的通信通常是通过 GP-IB 接口进行的。

智能仪表有本地和遥控两种工作方式。在本地工作方式时，用户按面板上的键盘向仪表发布各种命令，指示仪表完成各种功能。仪表的控制作用由内含的微处理器统一指挥和操纵。在遥控工作方式时，用户通过外部的微型机来指挥控制仪表，外部微型机通过接口总线 GP-IB 向仪表发送命令和数据，仪表根据这些送来的命令完成各种功能。

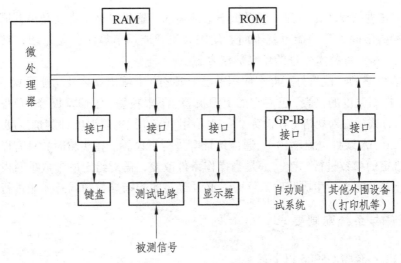

图 1-5 智能仪表的基本组成

（二）智能仪表的主要优点

（1）提高了测量精度。智能仪表通常具有自选量程，自动校准，自动修正静态、动态误差及系统误差的功能，从而显著提高了测量精度。

（2）能够进行间接测量。智能仪表利用内含的微处理器，通过测量其他参数而间接地求出难以测量的参数。

（3）具有自检自诊断的能力。智能仪表如果发生故障，可以自检出来。在自诊断过程中，程序的核心是把被检测各种功能部件上的输出信号与正确的额定信号进行比较，发现不正确的信号就以警报的形式提示给使用者。

（4）能灵活地改变仪器的功能，智能仪表具有方便的硬件模块和软件模块结构。当插入不同模板时，仪表的功能就随之改变。而当改变软件模块时，各按键所具有的功能也跟着改变。只要 ROM 容量足够大，配上解释程序还可以实现仪器自己的语言。

（5）实现多仪器的复杂控制系统。自从国际上制定了串行总线和并行总线的规约之后，智能仪表与其他数字式仪表可以方便地实现互联，既可以将若干台仪器组合起来，共同完成一项特定的测量任务；也可以把许多仪器挂在总线上，形成一个复杂的控制系统。

（三）AI 人工智能工业调节器

在化工原理的精馏实验装置、沸腾干燥实验装置和流体阻力与离心泵联合实验装置中，使用最多的是 AI 人工智能工业调节器。

1. AI 人工智能工业调节器的功能及使用方法

AI 人工智能工业调节器，适合温度、压力、流量、液位、湿度等的精确控制，通用性强，采用先进的模块化结构，可提供丰富的输入、输出规格，也就是说，同样一个仪表，设置参数不同，其功能也就不同。使用人工智能调节算法，无超调，具备自整定（AT）功能。是一种技术先进的免维护仪表。

AI 仪表的参数已配置好，即在使用前已对其输入、输出规格及功能设置了参数。如用来检测、控制温度的仪表，已对它的上限报警、下限报警、正偏差报警、负偏差报警、回差、控制方式、输入规格（如设为 21，表示用 Pt100 铂电阻温度计测量温度）、输出方式（如 2～20 mA 线性电流输出）、通信地址等进行了设置。在实验时，只有以下两种情况需要对给定的参数进行修改。一是当操作条件改变，需对给定的参数重新设置时；二是压力传感器的零点发生漂移时。注意：必须经过实验指导教师同意才能进行修改。

2. 硬件与系统配制要求

（1）CPU：奔腾 G5905 以上；
（2）内存：16 兆以上；
（3）显示器：VGA 彩显，1024×768 像素点，大字模式；
（4）系统：WIN XP，WIN 10；
（5）通信口：RS-232 串行通信口、USB2.0、RJ45。

3. 计算机与仪表间的通信

AI 工业调节器可在 COMM 位置安装 S 或 S4 型 RS-485 通信接口模块，通过计算机可实现对仪表的各项操作及功能。计算机需要加一个 RS232C/RS485 转换器，无中继时最多可直接连接 64 台仪表，加 RS485 中继器后最多可连接 100 台仪表，如图 1-6 所示。注意每台仪表应设置不同的地址。

仪表采用 AIBUS 通信协议，8 个数据位，1 或 2 个停止位，无校验位。数据采用 16 位求和校验，它的纠错能力比奇偶校验高数万倍，可确保通信数据的正确可靠。AI 仪表在通信方式下可与上位计算机构成 AIFCS 系统。仪表在上位计算机、通信接口或线路发生故障时，仍能保持仪表本身的正常工作。

AI 工业调节器共有 20 个接线柱，它的第 17、18 号接线柱与通讯控制器的端口 1 连接，变频仪及功率表的通讯端口分别与通讯控制器的端口 2 与端口 3 连接，通讯控制器端口 4 与计算机的串行通讯口（即 COM1）连接，实现数据通信。

四、变频器

变频器的作用是控制三相交流电动机的速度。流体阻力与离心泵联合实验装置和沸腾干燥实验装置均使用 SIEMENS 公司生产的 MICROMASTER 420 通用型变频器。该变频器由微处理器控制，并采用具有现代先进技术水平的绝缘栅双极型晶体管（IGBT）作为功率输出器件，因此具有很高的运行可靠性和功能的多样性。开关频率可选的脉冲宽度调制使电动机运行的噪声得以减少。变频器既可用作单独的驱动系统，也可集成到自动化系统中（图1-6）。

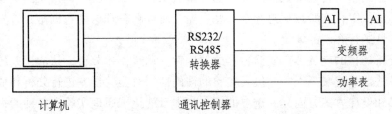

图 1-6 计算机与仪表通信示意

1. 变频器的主要特点

（1）模块化设计，组态灵活。

（2）易于安装、设置参数和调试。

（3）允许设置多种参数，保证它可以对最广泛的应用对象组态。

（4）对控制信号的响应时间是快速和可重复的。

（5）磁通电流控制（FCC），改善发动态响应特性和电动机的控制特性。

（6）快速电流限制（FCL），实现无跳闸运行。

（7）复合制动，改善了制动特性。

（8）加速/减速时间具有可编程的平滑圆弧功能。

（9）具有比例-积分（PI）控制功能的闭环控制。

（10）具有过压/欠压保护、过热保护、接地故障保护和短路保护等对电动机和变频器全面的保护功能。

2. 变频器的使用方法及注意事项

变频器有两种控制模式：一是远程控制模式（即通过计算机控制变频器）；二是手动控制模式（即用变频器的面板按钮进行控制）。

注意：只有经过培训和认证合格的人员才可以用控制板输入设定值。

第二节　实验数据的误差分析

通过实验测量所得大批数据是实验的主要成果，但在实验中，由于测量仪表和人的观察等方面的原因，实验数据总存在一些误差，所以在整理这些数据时，首先应对实验数据的可靠性进行客观的评定。

误差分析的目的就是评定实验数据的精确性，通过误差分析，认清误差的来源及其影响，并设法消除或减小误差，提高实验的精确性。对实验误差进行分析和估算，在评判实验结果和设计方案方面具有重要的意义。本章就化工原理实验中遇到的一些误差基本概念与估算方法作扼要介绍。

一、误差的基本概念

（一）真值与平均值

真值是指某物理量客观存在的确定值。通常一个物理量的真值是不知道的，是我们努力要测到的。严格来讲，由于测量仪器、测定方法、环境、人的观察力、测量的程序等，都不可能是完美无缺的，故真值是无法测得的，是一个理想值。科学实验中真值的定义是：设在测量中观察的次数为无限多，则根据误差分布定律正负误差出现的概率相等，故将各观察值相加，加以平均，在无系统误差情况下，可能获得极近于真值的数值。故"真值"在现实中是指观察次数无限多时，所求得的平均值（或是写入文献手册中所谓的"公认值"）。然而对我们工程实验而言，观察的次数都是有限的，故用有限观察次数求出的平均值，只能是近似真值，或称为最佳值。一般我们称这一最佳值为平均值。常用的平均值有下列几种：

（1）算术平均值。

这种平均值最常用。凡测量值的分布服从正态分布时，用最小二乘法原理可以证明：在一组等精度的测量中，算术平均值为最佳值或最可信赖值。

$$\bar{x} = \frac{x_1 + x_2 + \cdots + x_n}{n} = \frac{\sum\limits_{i=1}^{n} x_i}{n} \tag{1-1}$$

式中：x_1、x_2、$\cdots$、x_n——各次观测值；n——观察的次数。

（2）均方根平均值。

$$\bar{x}_{均} = \sqrt{\frac{x_1^2 + x_2^2 + \cdots + x_n^2}{n}} = \sqrt{\frac{\sum\limits_{i=1}^{n} x_i^2}{n}} \tag{1-2}$$

（3）加权平均值。

设对同一物理量用不同方法去测定，或对同一物理量由不同人去测定，计算平均值时，常对比较可靠的数值予以加重平均，称为加权平均。

$$\bar{w} = \frac{w_1 x_1 + w_2 x_2 + \cdots + w_n x_n}{w_1 + w_2 + \cdots + w_n} = \frac{\sum\limits_{i=1}^{n} w_i x_i}{\sum\limits_{i=1}^{n} w_i} \tag{1-3}$$

式中：x_1、x_2、$\cdots$、x_n——各次观测值；

w_1、w_2、$\cdots$、w_n——各测量值的对应权重。各观测值的权数一般凭经验确定。

（4）几何平均值。

$$\bar{x}_发 = \sqrt[n]{x_1 \cdot x_2 \cdot x_3 \cdots x_n} \tag{1-4}$$

（5）对数平均值。

$$\bar{x}_n = \frac{x_1 - x_2}{\ln x_1 - \ln x_2} = \frac{x_1 - x_2}{\ln \dfrac{x_1}{x_2}} \tag{1-5}$$

以上介绍的各种平均值，目的是要从一组测定值中找出最接近真值的那个值。平均值的选择主要决定于一组观测值的分布类型，在化工原理实验研究中，数据分布较多属于正态分布，故通常采用算术平均值。

（二）误差的定义及分类

在任何一种测量中，无论所用仪器多么精密，方法多么完善，实验者多么细心，不同时间所测得的结果不一定完全相同，而有一定的误差和偏差，严格来讲，误差是指实验测量值（包括直接和间接测量值）与真值（客观存在的准确值）之差，偏差是指实验测量值与平均值之差，但习惯上通常将两者混淆而不以区别。

根据误差的性质及其产生的原因，可将误差分为系统误差、偶然误差、过失误差三种。

1. 系统误差

系统误差又称恒定误差，由某些固定不变的因素引起的。在相同条件下进行多次测量，其误差数值的大小和正负保持恒定，或随条件改变按一定的规律变化。

产生系统误差的原因有：①仪器刻度不准，砝码未经校正等；②试剂不纯，质量不符合要求；③周围环境的改变如外界温度、压力、湿度的变化等；④个人的习惯与偏向如读取数据常偏高或偏低，记录某一信号的时间总是滞后，判定滴定终点的颜色程度各人不同等等因素所引起的误差。可以用准确度一词来表征系统误差的大小，系统误差越小，准确度越高，反之亦然。

由于系统误差是测量误差的重要组成部分，消除和估计系统误差对于提高测量准确度就十分重要。一般系统误差是有规律的。其产生的原因也往往是可知或找出原因后可以清除掉。至于不能消除的系统误差，我们应设法确定或估计出来。

2. 偶然误差

偶然误差又称随机误差，由某些不易控制的因素造成的。在相同条件下作多次测量，其误差的大小，正负方向不一定，其产生原因一般不详，因而也就无法控制，主要表现在测量结果的分散性，但完全服从统计规律，研究随机误差可以采用概率统计的方法。在误差理论中，常用精密度一词来表征偶然误差的大小。偶然误差越大，精密度越低，反之亦然。

在测量中，如果已经消除引起系统误差的一切因素，而所测数据仍在末一位或末二位数字上有差别，则为偶然误差。偶然误差的存在，主要是我们只注意认识影响较大的一些因素，而往往忽略其他还有一些小的影响因素，不是我们尚未发现，就是我们无法控制，而这些影响，正是造成偶然误差的原因。

3. 过失误差

过失误差又称粗大误差，与实际明显不符的误差，主要是由于实验人员粗心大意所致，如读错、测错、记错等都会带来过失误差。含有粗大误差的测量值称为坏值，应在整理数据时依据常用的准则加以剔除。

综上所述，我们可以认为系统误差和过失误差总是可以设法避免的，而偶然误差是不可避免的，因此最好的实验结果应该只含有偶然误差。

（三）精密度、正确度和精确度（准确度）

测量的质量和水平，可用误差的概念来描述，也可用准确度等概念来描述。国内外文献所用的名词术语颇不统一，精密度、正确度、精确度这几个术语的使用一向比较混乱。近年来趋于一致的多数意见是：

精密度：可以称衡量某些物理量几次测量之间的一致性，即重复性。它可以反映偶然误差大小的影响程度。

正确度：指在规定条件下，测量中所有系统误差的综合，它可以反映系统误差大小的影响程度。

精确度（准确度）：指测量结果与真值偏离的程度。它可以反映系统误差和随机误差综合大小的影响程度。

为说明它们间的区别，往往用打靶来作比喻。如图 1-7 所示，A 的系统误差小而偶然误差大，即正确度高而精密度低；B 的系统误差大而偶然误差小，即正确度低而精密度高；C 的系统误差和偶然误差都小，表示精确度（准确度）高。当然实验测量中没有像靶心那样明确的真值，而是设法去测定这个未知的真值。

对于实验测量来说，精密度高，正确度不一定高。正确度高，精密度也不一定高。但精确度（准确度）高，必然是精密度与正确度都高。

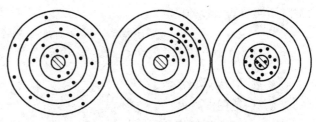

图 1-7 精密度、正确度、精确度含义示意图

二、误差的表示方法

测量误差分为测量点和测量列（集合）的误差。它们有不同的表示方法。

（一）测量点的误差表示

1. 绝对误差 D

测量集合中某次测量值与其真值之差的绝对值称为绝对误差。

$$D = |X - x| \tag{1-6}$$

即 $\qquad X - x = \pm D \qquad x - D \leqslant X \leqslant x + D$

式中：X——真值，常用多次测量的平均值代替；

$\quad\ x$——测量集合中某测量值。

2. 相对误差 E_r

绝对误差与真值之比称为相对误差。

$$E_r = \frac{D}{|X|} \tag{1-7}$$

相对误差常用百分数或千分数表示。因此不同物理量的相对误差可以互相比较，相对误差与被测之量的大小及绝对误差的数值都有关系。

3. 引用误差

仪表量程内最大示值误差与满量程示值之比的百分值。引用误差常用来表示仪表的精度。

（二）测量列（集合）的误差表示

1. 范围误差

范围误差是指一组测量中的最高值与最低值之差，以此作为误差变化的范围。使用中常应用误差的系数的概念。

$$K = \frac{L}{\alpha} \qquad (1-8)$$

式中：K——最大误差系数；

L——范围误差；

α——算术平均值。

范围误差最大缺点是使 K 只以决于两极端值。而与测量次数无关。

2. 算术平均误差

算术平均误差是表示误差的较好方法，其定义为

$$\delta = \frac{\sum d_i}{n}, \ i = 1, 2, \cdots, n \qquad (1-9)$$

式中：n——观测次数；

d_i——测量值与平均值的偏差，$d_i = x_i - \alpha$。

算术平均误差的缺点是无法表示出各次测量间彼此符合的情况。

3. 标准误差

标准误差也称为根误差。

$$\sigma = \sqrt{\frac{\sum d_i^2}{n}} \qquad (1-10)$$

标准误差对一组测量中的较大误差或较小误差感觉比较灵敏，成为表示精确度的较好方法。

上式适用无限次测量的场合。实际测量中，测量次数是有限的，改写为：

$$\sigma = \sqrt{\frac{\sum d_i^2}{n-1}} \qquad (1-11)$$

标准误差不是一个具体的误差，σ 的大小只说明在一定条件下等精度测量集合所属的任一次观察值对其算术平均值的分散程度，如果 σ 的值小，说明该测量集合中，相应小的误差就占优势，任一次观测值对其算术平均值的分散度就小，测量的可靠性就大。

算术平均误差和标准误差的计算式中第 i 次误差可分别代入绝对误差和相对误差，相对得到的值表示测量集合的绝对误差和相对误差。

上述的各种误差表示方法中，不论是比较各种测量的精度或是评定测量结果的质量，均以相对误差和标准误差表示为佳，而在文献中标准误差更常被采用。

（三）仪表的精确度与测量值的误差

1. 电工仪表等一些仪表的精确度与测量误差

这些仪表的精确度常采用仪表的最大引用误差和精确度的等级来表示。仪表的最大引用误差的定义为

$$最大引用误差 = \frac{仪表显示值的绝对误差}{该仪表相应档次量程的绝对值} \times 100\% \qquad （1-12）$$

式中仪表显示值的绝对误差指在规定的正常情况下。被测参数的测量值与被测参数的标准值之差的绝对值的最大值。对于多档仪表，不同档次显示值的绝对误差和量程范围均不相同。

式（1-12）表明，若仪表显示值的绝对误差相同，则量程范围愈大，最大引用误差愈小。

我国电工仪表的精确度等级有七种：0.1、0.2、0.5、1.0、1.5、2.5、5.0。如某仪表的精确度等级为 2.5 级，则说明此仪表的最大引用误差为 2.5%。

在使用仪表时，如何估算某一次测量值的绝对误差和相对误差？

设仪表的精确度等级 P 级，其最大引用误差为 10%。设仪表的测量范围为 x_n 仪表的示值为 x_i，则由式（1-12）得该示值的误差为

$$\left. \begin{array}{l} 绝对误差 D \leqslant x_n \times P\% \\[2mm] 相对误差 E = \dfrac{D}{x_i} \leqslant \dfrac{x_n}{x_i} \times P\% \end{array} \right\} \qquad （1-13）$$

式（1-13）表明：

（1）若仪表的精确度等级 P 和测量范围 x_n 已固定，则测量的示值 x_i 愈大，测量的相对误差愈小。

（2）选用仪表时，不能盲目地追求仪表的精确度等级。因为测量的相对误差还与 $\dfrac{x_n}{x_i}$ 有关。应该兼顾仪表的精确度等级和 $\dfrac{x_n}{x_i}$ 两者。

2. 天平类仪器的精确度和测量误差

这些仪器的精度用以下公式来表示：

$$仪器的精密度 = \frac{名义分度值}{量程的范围} \qquad （1-14）$$

式中名义分度值指测量时读数有把握正确的最小分度单位，即每个最小分度所代表的数值。例如 TG-3284 型天平，其名义分度值（感量）为 0.1 mg，测量范围为 0～200 g，则其

$$精确度 = \frac{0.1}{(200-0) \times 10^3} = 5 \times 10^{-7} \qquad (1-15)$$

若仪器的精确度已知，也可用式（1-14）求得其名义分度值。

使用这些仪器时，测量的误差可用下式来确定：

$$\left. \begin{array}{l} 绝对误差 \leqslant 名义分度值 \\ 相对误差 \leqslant \dfrac{名义度值}{测量值} \end{array} \right\} \qquad (1-16)$$

3. 测量值的实际误差

由于仪表的精确度用上述方法所确定的测量误差，一般总是比测量值的实际误差小得多。这是因为仪器没有调整到理想状态，如不垂直、不水平、零位没有调整好等，会引起误差；仪表的实际工作条件不符合规定的正常工作条件，会引起附加误差；仪器经过长期使用后，零件发生磨损，装配状况发生变化等，也会引起误差；可能存在由操作者的习惯和偏向所引起的误差；仪表所感受的信号实际上可能并不等于待测的信号；仪表电路可能会受到干扰等。

总而言之，测量值实际误差大小的影响因素是很多的。为了获得较准确的测量结果，需要有较好的仪器，也需要有科学的态度和方法，以及扎实的理论知识和实践经验。

三、"过失"误差的舍弃

这里加引号的"过失"误差与前面提到真正的过失误差是不同的，在稳定过程，不受任何人为因素影响，测量出少量过大或过小的数值，随意地舍弃这些"坏值"，以获得实验结果的一致，这是一种错误的做法，"坏值"的舍弃要有理论依据。

如何判断是否属于异常值？最简单的方法是以三倍标准误差为依据。

从概率的理论可知，大于 3σ（均方根误差）的误差所出现的概率只有 0.3%，故通常把这一数值称为极限误差，即

$$\delta_{极限} = 3\sigma \qquad (1-17)$$

如果个别测量的误差超过 3σ，那么就可以认为属于过失误差而将舍弃。重要的是如何从有限的几次观察值中舍弃可疑值的问题，因为测量次数少，概率理论已不适用，而个别失常测量值对算术平均值影响很大。

有一种简单的判断法，即略去可疑观测值后，计算其余各观测值的平均值 α 及平均误差 δ，然后算出可疑观测值 x_i 与平均值 α 的偏差 d，如果 $d \geqslant 4\delta$，则此可疑值可以舍弃，因为这种观测值存在的概率大约只有千分之一。

四、间接测量中的误差传递

在许多实验和研究中，所得到的结果有时不是用仪器直接测量得到的，而是要把实验现场直接测量值代入一定的理论关系式中，通过计算才能求得所需要的结果，既间接测量值。由于直接测量值总有一定的误差，因此它们必然引起间接测量值也有一定的误差，也就是说直接测量误差不可避免地传递到间接测量值中去，而产生间接测量误差。

误差的传递公式：从数学中知道，当间接测量值（y）与直接值测量值（$x_1, x_2, \cdots\cdots x_n$）有函数关系时，即

$$y = f(x_1, x_2, \cdots, x_n)$$

则其微分式为：

$$\mathrm{d}y = \frac{\partial y}{\partial x_1}\mathrm{d}x_1 + \frac{\partial y}{\partial x_2}\mathrm{d}x_2 + \cdots + \frac{\partial y}{\partial x_n}\mathrm{d}x_n \tag{1-18}$$

$$\frac{\mathrm{d}y}{y} = \frac{1}{f(x_1, x_2, \cdots, x_n)}\left[\frac{\partial y}{\partial x_1}\mathrm{d}x_1 + \frac{\partial y}{\partial x_2}\mathrm{d}x_2 + \cdots + \frac{\partial y}{\partial x_n}\mathrm{d}x_n\right] \tag{1-19}$$

根据式（1-18）和（1-19），当直接测量值的误差（$\Delta x_1, \Delta x_2, \cdots\cdots \Delta x_n$）很小，并且考虑到最不利的情况，应是误差累积和取绝对值，则可求间接测量值的误差 Δy 或 $\Delta y/y$ 为：

$$\Delta y = \left|\frac{\partial y}{\partial x_1}\right| \cdot |\Delta x_1| + \left|\frac{\partial y}{\partial x_2}\right| \cdot |\Delta x_2| + \cdots + \left|\frac{\partial y}{\partial x_n}\right| \cdot |\Delta x_n| \tag{1-20}$$

$$E_r = \frac{\Delta y}{y} = \frac{1}{f(x_1, x_2, \cdots, x_n)}\left[\left|\frac{\partial y}{\partial x_1}\right| \cdot |\Delta x_1| + \left|\frac{\partial y}{\partial x_2}\right| \cdot |\Delta x_2| + \cdots + \left|\frac{\partial y}{\partial x_n}\right| \cdot |\Delta x_n|\right] \tag{1-21}$$

这两个式子就是由直接测量误差计算间接测量误差的误差传递公式。对于标准差的传则有：

$$\sigma_y = \sqrt{\left(\frac{\partial y}{\partial x_1}\right)^2 \sigma_{x_1}^2 + \left(\frac{\partial y}{\partial x_2}\right)^2 \sigma_{x_2}^2 + \cdots + \left(\frac{\partial y}{\partial x_n}\right)^2 \sigma_{x_n}^2} \tag{1-22}$$

式中 σ_{x_1}、σ_{x_2} 等分别为直接测量的标准误差，σ_y 为间接测量值的标准误差。

上式在有关资料中称之为"几何合成"或"极限相对误差"。计算函数的误差的各种关系如表 1-1 所示。

表 1-1 函数式的误差关系

数学式	误差传递公式	
	最大绝对误差	最大相对误差 $E_r(y)$
$y = x_1 + x_2 + \cdots + x_n$	$\Delta y = \pm(|\Delta x_1| + |\Delta x_2| + \cdots + |\Delta x_n|)$	$E_r(y) = \dfrac{\Delta y}{y}$
$y = x_1 + x_2$	$\Delta y = \pm(|\Delta x_1| + |\Delta x_2|)$	$E_r(y) = \dfrac{\Delta y}{y}$
$y = x_1 \cdot x_2$	$\begin{aligned}\Delta y &= \Delta(x_1 \cdot x_2) \\ &= \pm(|x_1 \cdot \Delta x_2| + |x_2 \cdot \Delta x_1|) \\ \text{或}\ \Delta y &= y \cdot E_r(y)\end{aligned}$	$\begin{aligned}E_r(y) &= E_r(x_1 \cdot x_2) \\ &= \pm\left(\left|\dfrac{\Delta x_1}{x_1}\right| + \left|\dfrac{\Delta x_2}{x_2}\right|\right)\end{aligned}$
$y = x_1 \cdot x_2 \cdot x_3$	$\begin{aligned}\Delta y = \pm(&|x_1 \cdot x_2 \cdot \Delta x_3| \\ &+ |x_1 \cdot x_3 \cdot \Delta x_2| + |x_2 \cdot x_3 \cdot \Delta x_1|) \\ \text{或}\ \Delta y &= y \cdot E_r(y)\end{aligned}$	$E_r(y) = \pm\left(\left|\dfrac{\Delta x_1}{x_1}\right| + \left|\dfrac{\Delta x_2}{x_2}\right| + \left|\dfrac{\Delta x_3}{x_3}\right|\right)$
$y = x^n$	$\begin{aligned}\Delta y &= \pm(|nx^{n-1} \cdot \Delta x|) \\ \text{或}\ \Delta y &= y \cdot E_r(y)\end{aligned}$	$E_r(y) = \pm\left(n\left|\dfrac{\Delta x}{x}\right|\right)$
$y = \sqrt[n]{x}$	$\begin{aligned}\Delta y &= \pm\left(\left|\dfrac{1}{n}x^{\frac{1}{n}-1} \cdot \Delta x\right|\right) \\ \text{或}\ \Delta y &= y \cdot E_r(y)\end{aligned}$	$E_r(y) = \dfrac{\Delta y}{y} = \pm\left(\left|\dfrac{1}{n}\dfrac{\Delta x}{x}\right|\right)$
$y = \dfrac{x_1}{x_2}$	$\Delta y = y \cdot E_r(y)$	$E_r(y) = \pm\left(\left|\dfrac{\Delta x_1}{x_1}\right| + \left|\dfrac{\Delta x_2}{x_2}\right|\right)$
$y = cx$	$\begin{aligned}\Delta y &= \Delta(cx) = \pm|c \cdot \Delta x| \\ \text{或}\ \Delta y &= y \cdot E_r(y)\end{aligned}$	$E_r(y) = \dfrac{\Delta y}{y}\ \text{或}\ E_r(y) = \pm\left|\dfrac{\Delta x}{x}\right|$
$\begin{aligned}y &= \log x \\ &= 0.43429\ln x\end{aligned}$	$\begin{aligned}\Delta y &= \pm\left|(0.43429\ln x)' \cdot \Delta x\right| \\ &= \pm\left|\dfrac{0.43429}{x} \cdot \Delta x\right|\end{aligned}$	$E_r(y) = \dfrac{\Delta y}{y}$

第三节　计算正交试验设计方法

一、试验设计方法概述

试验设计是数理统计学的一个重要的分支。多数数理统计方法主要用于分析已经得到的数据，而试验设计却是用于决定数据收集的方法。试验设计方法主要讨论如何合理地安排试验以及试验所得的数据如何分析等。

例 1-1 某发酵工厂想提高某发酵产品的质量和产量，对工艺中三个主要因素各按三个水平进行试验（见表 1-2）。试验的目的是为提高合格产品的产量，寻求最适宜的操作条件。

表 1-2　因素水平

水平	温度/°C	压力/Pa	加碱量/kg
	T	p	m
1	$T_1(80)$	$p_1(5.0)$	$m_1(2.0)$
2	$T_2(100)$	$p_2(6.0)$	$m_2(2.5)$
3	$T_3(120)$	$p_3(7.0)$	$m_3(3.0)$

对此实例该如何进行试验方案的设计呢？

很容易想到的是全面搭配法方案（图 1-8）：

此方案数据点分布的均匀性极好，因素和水平的搭配十分全面，唯一的缺点是实验次数多达 $3^3 = 27$ 次（指数 3 代表 3 个因素，底数 3 代表每因素有 3 个水平）。因素、水平数愈多，则实验次数就愈多，例如，做一个 6 因素 3 水平的试验，就需 $3^6 = 729$ 次实验，显然难以做到。因此需要寻找一种合适的试验设计方法。

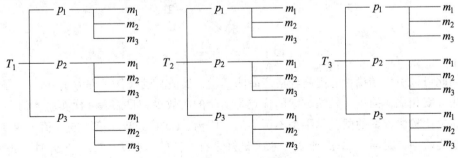

图 1-8　全面搭配法方案

试验设计方法常用的术语定义如下。

试验指标：指作为试验研究过程的因变量，常为试验结果特征的量（如得率、纯度等）。例 1-1 的试验指标为合格产品的产量。

因素：指作试验研究过程的自变量，常常是造成试验指标按某种规律发生变化的那些原因。如例 1 的温度、压力、碱的用量。

水平：指试验中因素所处的具体状态或情况，又称为等级。如例 1-1 的温度有 3 个水平。温度用 T 表示，下标 1、2、3 表示因素的不同水平，分别记为 T_1、T_2、T_3。

常用的试验设计方法有：正交试验设计法、均匀试验设计法、单纯形优化法、双水平单纯形优化法、回归正交设计法、序贯试验设计法等。可供选择的试验方法很多，各种试验设计方法都有其一定的特点。所面对的任务与要解决的问题不同，选择的试验设计方法也应有所不同。由于篇幅的限制，我们只讨论正交试验设计方法。

二、正交试验设计方法的优点和特点

用正交表安排多因素试验的方法，称为正交试验设计法。其特点为：①完成试验要求所需的实验次数少。②数据点的分布很均匀。③可用相应的极差分析方法、方差分析方法、回归分析方法等对试验结果进行分析，引出许多有价值的结论。

从例 1-1 可看出，采用全面搭配法方案，需做 27 次实验。那么采用简单比较法方案又如何呢？

先固定 T_1 和 p_1，只改变 m，观察因素 m 不同水平的影响，做了如图 1-9（a）所示的三次实验，发现 $m = m_2$ 时的实验效果最好（好的用 □ 表示），合格产品的产量最高，因此认为在后面的实验中因素 m 应取 m_2 水平。

固定 T_1 和 m_2，改变 p 的三次实验如图 1-9（b）所示，发现 $p = p_3$ 时的实验效果最好，因此认为因素 p 应取 p_3 水平。

固定 p_3 和 m_2，改变 T 的三次实验如图 1-9（c）所示，发现因素 T 宜取 T_2 水平。

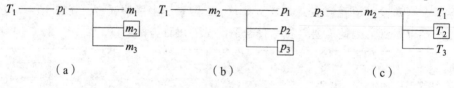

图 1-9　简单比较法

因此可以引出结论：为提高合格产品的产量，最适宜的操作条件为 $T_2 p_3 m_2$。与全面搭配法方案相比，简单比较法方案的优点是实验的次数少，只需做 9 次实验。但必须指出，简单比较法方案的试验结果是不可靠的。因为，①在改变 m 值（或 p 值，或 T 值）的三次实验中，说 m_2（或 p_3 或 T_2）水平最好是有条件的。在 $T \neq T_1$，$p \neq p_1$ 时，m_2 水平不是最好的可能性是有的。②在改变 m 的三次实验中，固定 $T = T_2$，$p = p_3$ 应该说也是可以的，是随意的，故在此方案中数据点的分布的均匀性是毫无保障的。③用这种方法比较条件好坏时，只是对单个的试验数据进行数值上的简单比较，不能排除必然存在的试验数据误差的干扰。

运用正交试验设计方法，不仅兼有上述两个方案的优点，而且实验次数少，数据点分布均匀，结论的可靠性较好。

正交试验设计方法是用正交表来安排试验的。对于例 1 适用的正交表是 $L_9(3^4)$，其试验安排见表 1-3。

所有的正交表与 $L_9(3^4)$ 正交表一样，都具有以下两个特点：

（1）在每一列中，各个不同的数字出现的次数相同。在表 $L_9(3^4)$ 中，每一列有三个水平，水平 1、2、3 都是各出现 3 次。

（2）表中任意两列并列在一起形成若干个数字对，不同数字对出现的次数也都相同。在表 $L_9(3^4)$ 中，任意两列并列在一起形成的数字对共有 9 个：（1，1），（1，2），（1，3），（2，1），（2，2），（2，3），（3，1），（3，2），（3，3），每一个数字对各出现一次。

表 1-3　试验安排表

试验号	列号	1	2	3	4
	因素	温度/°C	压力/Pa	加碱量/kg	
	符号	T	p	m	
1		1（T_1）	1（p_1）	1（m_1）	1
2		1（T_1）	2（p_2）	2（m_2）	2
3		1（T_1）	3（p_3）	3（m_3）	3
4		2（T_2）	1（p_1）	2（m_2）	2
5		2（T_2）	2（p_2）	3（m_3）	1
6		2（T_2）	3（p_3）	1（m_1）	2
7		3（T_3）	1（p_1）	3（m_3）	2
8		3（T_3）	2（p_2）	1（m_1）	3
9		3（T_3）	3（p_3）	2（m_2）	1

这两个特点称为正交性。正是由于正交表具有上述特点，就保证了用正交表安排的试验方案中因素水平是均衡搭配的，数据点的分布是均匀的。因素、水平数愈多，运用正交试验设计方法，愈发能显示出它的优越性，如上述提到的 6 因素 3 水平试验，用全面搭配方案需 729 次，若用正交表 $L_{27}(3^{13})$ 来安排，则只需做 27 次试验。

在发酵生产中，因素之间常有交互作用。如果上述的因素 T 的数值和水平发生变化时，试验指标随因素 p 变化的规律也发生变化，或反过来，因素 p 的数值和水平发生变化时，试验指标随因素 T 变化的规律也发生变化。这种情况称为因素 T、p 间有交互作用，记为 $T \times p$。

三、正交表

使用正交设计方法进行试验方案的设计，就必须用到正交表。正交表请查阅有关参考书。

（一）各列水平数均相同的正交表

各列水平数均相同的正交表，也称单一水平正交表。这类正交表名称的写法如图 1-10 所示。

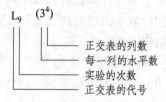

图 1-10　单一水平正交表名称写法

各列水平均为 2 的常用正交表有：$L^4(2^3)$，$L^8(2^7)$，$L^{12}(2^{11})$，$L^{16}(2^{15})$，$L^{20}(2^{19})$，$L_{32}(2^{31})$。

各列水平数均为 3 的常用正交表有：$L_9(3^4)$，$L_{27}(3^{13})$。

各列水平数均为 4 的常用正交表有：$L_{16}(4^5)$

各列水平数均为 3 的常用正交表有：$L_{25}(5^6)$

（二）混合水平正交表

各列水平数不相同的正交表，叫混合水平正交表，图 1-11 就是一个混合水平正交表名称的写法。

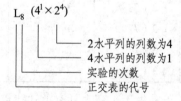

图 1-11　混合水平正交表名称写法

$L_8(4^1 \times 2^4)$ 常简写为 $L_8(4 \times 2^4)$。此混合水平正交表含有 1 个 4 水平列，4 个 2 水平列，共有 $1+4=5$ 列。

（三）选择正交表的基本原则

一般都是先确定试验的因素、水平和交互作用，后选择适用的 L 表。在确定因素的水平数时，主要因素宜多安排几个水平，次要因素可少安排几个水平。

（1）先看水平数。若各因素全是 2 水平，就选用 $L(2^*)$ 表；若各因素全是 3 水平，就选 $L(3^*)$ 表。若各因素的水平数不相同，就选择适用的混合水平表。

（2）每一个交互作用在正交表中应占一列或二列。要看所选的正交表是否足够大，能否容纳得下所考虑的因素和交互作用。为了对试验结果进行方差分析或回归分析，还必须至少留一个空白列，作为"误差"列，在极差分析中要作为"其他因素"列处理。

（3）要看试验精度的要求。若要求高，则宜取实验次数多的 L 表。

（4）若试验费用很昂贵，或试验的经费很有限，或人力和时间都比较紧张，则不宜选实验次数太多的 L 表。

（5）按原来考虑的因素、水平和交互作用去选择正交表，若无正好适用的正交表可选，简便且可行的办法是适当修改原定的水平数。

（6）对某因素或某交互作用的影响是否确实存在没有把握的情况下，选择 L 表时常为该选大表还是选小表而犹豫。若条件许可，应尽量选用大表，让影响存在的可能性较大的因素和交互作用各占适当的列。某因素或某交互作用的影响是否真的存在，留到方差分析进行显著性检验时再做结论。这样既可以减少试验的工作量，又不至于漏掉重要的信息。

（四）正交表的表头设计

所谓表头设计，就是确定试验所考虑的因素和交互作用，在正交表中该放在哪一列的问题。

（1）有交互作用时，表头设计则必须严格地按规定办事。因篇幅限制，此处不讨论，请查阅有关书籍。

（2）若试验不考虑交互作用，则表头设计可以是任意的。如在例 1-1 中，对 $L_9(3^4)$ 表头设计，表 1-4 所列的各种方案都是可用的。但是正交表的构造是组合数学问题，必须满足 3.2 中所述的特点。对试验之初不考虑交互作用而选用较大的正交表，空列较多时，最好仍与有交互作用时一样，按规定进行表头设计。只不过将有交互作用的列先视为空列，待试验结束后再加以判定。

表 1-4　$L_9(3^4)$ 表头设计方案

列号		1	2	3	4
方案	1	T	p	m	空
	2	空	T	p	m
	3	m	空	T	p
	4	p	m	空	T

四、正交试验的操作方法

（1）分区组。对于一批试验，如果要使用几台不同的机器，或要使用几种原料来进行，为了防止机器或原料的不同而带来误差，从而干扰试验的分析，可在开始做实验之前，用 L 表中未排因素和交互作用的一个空白列来安排机器或原料。

与此类似，若试验指标的检验需要几个人（或几台机器）来做，为了消除不同人（或仪器）检验的水平不同给试验分析带来干扰，也可采用在 L 表中用一空白列来安排的办法。这样一种做法叫作分区组法。

（2）因素水平表排列顺序的随机化。如在例 1-1 中，每个因素的水平序号从小到大时，因素的数值总是按由小到大或由大到小的顺序排列。按正交表做试验时，所有的 1 水平要碰在一起，而这种极端的情况有时是不希望出现的，有时也没有实际意义。因此在排列因素水平表时，最好不要简单地按因素数值由小到大或由大到小的顺序排列。从理论上讲，最好能使用一种叫作随机化的方法。所谓随机化就是采用抽签或查随机数值表的办法，来决定排列的别有顺序。

（3）试验进行的次序没必要完全按照正交表上试验号码的顺序。为减少试验中由于先后实验操作熟练的程度不均带来的误差干扰，理论上推荐用抽签的办法来决定试验的次序。

（4）在确定每一个实验的实验条件时，只需考虑所确定的几个因素和分区组该如何取值，而不要（其实也无法）考虑交互作用列和误差列怎么办的问题。交互作用列和误差列的取值问题由实验本身的客观规律来确定，它们对指标影响的大小在方差分析时给出。

（5）做实验时，要力求严格控制实验条件。这个问题在因素各水平下的数值差别不大时更为重要。例如，例 1-1 中的因素（加碱量）m 的三个水平：$m_1 = 2.0$，$m_2 = 2.5$，$m_3 = 3.0$，在以 $m = m_2 = 2.5$ 为条件的某一个实验中，就必须严格认真地让 $m_2 = 2.5$。若因为粗心和不负责任，造成 $m_2 = 2.2$ 或造成 $m_2 = 3.0$，那就将使整个试验失去正交试验设计方法的特点，使极差和方差分析方法的应用丧失了必要的前提条件，因而得不到正确的试验结果。

五、正交试验结果分析方法

正交试验方法之所以能得到科技工作者的重视并在实践中得到广泛的应用，其原因不仅在于能使试验的次数减少，而且能够用相应的方法对试验结果进行分析并引出许多有价值的结论。因此，有正交试验法进行实验，如果不对试验结果进行认真的分析，并引出应该引出的结论，那就失去用正交试验法的意义和价值。

（一）极差分析方法

下面以表 1-5 为例讨论 $L_4(2^3)$ 正交试验结果的极差分析方法。极差指的是各列中各水平对应的试验指标平均值的最大值与最小值之差。从表 1-5 的计算结果可知，用极差法分析正交试验结果可引出以下几个结论：

（1）在试验范围内，各列对试验指标的影响从大到小的排队。某列的极差最大，表示该列的数值在试验范围内变化时，使试验指标数值的变化最大。所以各列对试验指标的影响从大到小的排队，就是各列极差 D 的数值从大到小的排队。

（2）试验指标随各因素的变化趋势。为了能更直观地看到变化趋势，常将计算结果绘制成图。

表 1-5 　$L_4(2^3)$ 正交试验计算

列号		1	2	3	试验指标 y_i
试验号	1	1	1	1	y_1
	2	1	2	2	y_2
	3	2	1	2	y_3
	$n=4$	2	2	1	y_4
	I_j	$\mathrm{I}_1 = y_1 + y_2$	$\mathrm{I}_2 = y_1 + y_3$	$\mathrm{I}_3 = y_1 + y_4$	
	II_j	$\mathrm{II}_1 = y_3 + y_4$	$\mathrm{II}_2 = y_2 + y_4$	$\mathrm{II}_3 = y_2 + y_3$	
	k_j	$k_1 = 2$	$k_2 = 2$	$k_3 = 2$	
	I_j / k_j	I_1 / k_1	I_2 / k_2	I_3 / k_3	
	II_j / k_j	II_1 / k_1	II_2 / k_2	II_3 / k_3	
	极差（D_j）	max{ }-min{ }	max{ }-min{ }	max{ }-min{ }	

注：

　　I_j——第 j 列"1"水平所对应的试验指标的数值之和；

　　II_j——第 j 列"2"水平所对应的试验指标的数值之和；

　　k_j——第 j 列同一水平出现的次数。等于试验的次数（n）除以第 j 列的水平数。

　　I_j / k_j——第 j 列"1"水平所对应的试验指标的平均值；

　　II_j / k_j——第 j 列"1"水平所对应的试验指标的平均值；

　　D_j——第 j 列的极差。等于第 j 列各水平对应的试验指标平均值中的最大值减最小值，即

$$D_j = \max\{\ \mathrm{I}_j / k_j\ ,\ \mathrm{II}_j / k_j\ ,\ \cdots\ \} - \min\{\ \mathrm{I}_j / k_j\ ,\ \mathrm{II}_j / k_j\ ,\ \cdots\ \}$$

（3）使试验指标最好的适宜的操作条件（适宜的因素水平搭配）。

（4）可对所得结论和进一步的研究方向进行讨论。

（二）方差分析方法

1. 计算公式和项目

试验指标的加和值 $= \sum_{i=1}^{n} y_i$，试验指标的平均值 $\bar{y} = \dfrac{1}{n}\sum_{i=1}^{n} y_i$，以第 j 列为例：

（1）I_j——"1"水平所对应的试验指标的数值之和

（2）II_j——"1"水平所对应的试验指标的数值之和

（3）……

（4）k_j——同一水平出现的次数。等于试验的次数除以第 j 列的水平数

（5）I_j / k_j——"1"水平所对应的试验指标的平均值

（6）II_j / k_j——"1"水平所对应的试验指标的平均值

（7）……

以上 7 项的计算方法同极差法（见表 1-5）。

（8）偏差平方和

$$S_j = k_j \left(\frac{\mathrm{I}_j}{k_j} - \bar{y} \right)^2 + k_j \left(\frac{\mathrm{II}_j}{k_j} - \bar{y} \right)^2 + k_j \left(\frac{\mathrm{III}_j}{k_j} - \bar{y} \right)^2 + \cdots$$

（9）f_j ——自由度。$f_j =$ 第 j 列的水平数-1。

（10）V_j ——方差。$V_j = S_j / f_j$。

（11）V_e ——误差列的方差。$V_e = S_e / f_e$。式中，e 为正交表的误差列。

（12）F_j ——方差之比 $F_j = V_j / V_e$。

（13）查 F 分布数值表（F 分布数值表请查阅有关参考书）做显著性检验。

（14）总的偏差平方和 $S_{总} = \sum_{i=1}^{n} \left(y_i - \bar{y} \right)^2$

（15）总的偏差平方和等于各列的偏差平方和之和，即 $S_{总} = \sum_{j=1}^{m} S_j$，式中，$m$ 为正交表的列数。

若误差列由 5 个单列组成，则误差列的偏差平方和 S_e 等于 5 个单列的偏差平方和之和，即：$S_e = S_{e1} + S_{e2} + S_{e3} + S_{e4} + S_{e5}$；也可用 $S_e = S_{总} + S''$ 来计算，其中 S'' 为安排有因素或交互作用的各列的偏差平方和之和。

2. 可引出的结论

与极差法相比，方差分析方法可以多引出一个结论：各列对试验指标的影响是否显著，在什么水平上显著。在数理统计上，这是一个很重要的问题。显著性检验强调试验在分析每列对指标影响中所起的作用。如果某列对指标影响不显著，那么，讨论试验指标随它的变化趋势是毫无意义的。因为在某列对指标的影响不显著时，即使从表中的数据可以看出该列水平变化时，对应的试验指标的数值与在以某种"规律"发生变化，但那很可能是由于实验误差所致，将它作为客观规律是不可靠的。有了各列的显著性检验之后，最后应将影响不显著的交互作用列与原来的"误差列"合并起来。组成新的"误差列"，重新检验各列的显著性。

六、正交试验方法在生物发酵实验中的应用举例

例 1-2 为提高真空吸滤装置的生产能力，请用正交试验方法确定恒压过滤的最佳操作条件。其恒压过滤实验的方法、原始数据采集和过滤常数计算等见"过滤实验"部分。影响实验的主要因素和水平见表 1-6。表中 Δp 为过滤压强差；T 为浆液温度；w 为浆液质量分数；M 为过滤介质（材质属多孔陶瓷）。

解：（1）试验指标的确定：恒压过滤常数 K（m²/s）

（2）选正交表：根据表 1-6 的因素和水平，可选用 L_8（4×2^4）表。

（3）制定实验方案：按选定的正交表，应完成 8 次实验。实验方案见表 1-6。

（4）实验结果：将所计算出的恒压过滤常数 K（m^2/s）列于表 1-7。

表 1-6　过滤实验因素和水平

因素		压强差/kPa	温度/°C	质量分数	过滤介质
符号		Δp	T	w	M
水平	1 2 3 4	2.94 3.92 4.90 5.88	（室温）18 （室温 + 15）33	稀（约 5%） 浓（约 10%）	G_2^* G_3^*

*G_2、G_3 为过滤漏斗的型号。过滤介质孔径：G_2 为 30 ~ 50 μm、G_3 为 16 ~ 30 μm。

表 1-7　正交试验的试验方案和实验结果

列号	$j = 1$	2	3	4	5	6
因素	Δp	T	w	M	e	K（m^2/s）
试验号				水平		
1	1	1	1	1	1	4.01×10^{-4}
2	1	2	2	2	2	2.93×10^{-4}
3	2	1	1	2	2	5.21×10^{-4}
4	2	2	2	1	1	5.55×10^{-4}
5	3	1	2	1	2	4.83×10^{-4}
6	3	2	1	2	1	1.02×10^{-3}
7	4	1	2	2	1	5.11×10^{-4}
8	4	2	1	1	2	1.10×10^{-3}

（5）指标 K 的极差分析和方差分析：

分析结果见表 1-6。以第 2 列为例说明计算过程：

$I_2 = 4.01 \times 10^{-4} + 5.21 \times 10^{-4} + 4.83 \times 10^{-4} + 5.11 \times 10^{-4} = 1.92 \times 10^{-3}$

$II_2 = 2.93 \times 10^{-4} + 5.55 \times 10^{-4} + 1.02 \times 10^{-3} + 1.10 \times 10^{-3} = 2.97 \times 10^{-3}$

$k_2 = 4$

$I_2 / k_2 = 1.92 \times 10^{-3} / 4 = 4.79 \times 10^{-4}$

$\quad II_2 / k_2 = 2.97 \times 10^{-3} / 4 = 7.42 \times 10^{-4}$

$\quad D_2 = 7.42 \times 10^{-4} - 4.79 \times 10^{-4} = 2.63 \times 10^{-4}$

$\quad \Sigma K = 4.88 \times 10^{-3} \qquad \bar{K} = 6.11 \times 10^{-4}$

$\quad S_2 = k_2 （I_2 / k_2 - \bar{K}）^2 + k_2 （II_2 / k_2 - \bar{K}）^2$

$\quad\quad = 4 （4.79 \times 10^{-4} - 6.11 \times 10^{-4}）^2 + 4 （7.42 \times 10^{-4} - 6.11 \times 10^{-4}）^2 = 1.38 \times 10^{-7}$

$f_2 = $ 第二列的水平数 $- 1 = 2 - 1 = 1$

$V_2 = S_2 / f_2 = 1.38 \times 10^{-7} / 1 = 1.38 \times 10^{-7}$

$S_e = S_5 = k_5 （I_5 / k_5 - \bar{K}）^2 + k_5 （II_5 / k_5 - \bar{K}）^2$

$$= 4 \ (6.22 \times 10^{-4} - 6.11 \times 10^{-4})^2 + 4 \ (5.99 \times 10^{-4} - 6.11 \times 10^{-4})^2 = 1.06 \times 10^{-9}$$

$$f_e = f_s = 1$$

$$V_e = S_e / f_e = 1.06 \times 10^{-9} / 1 = 1.06 \times 10^{-9}$$

$$F_2 = V_2 / V_e = 1.38 \times 10^{-7} / 1.06 \times 10^{-9} = 130.2$$

查 "F 分布数值表" 可知：

$$F \ (a = 0.01, \ f_1 = 1, \ f_2 = 1) = 4\ 052 > F_2$$

$$F \ (a = 0.05, \ f_1 = 1, \ f_2 = 1) = 161.4 > F_2$$

$$F \ (a = 0.10, \ f_1 = 1, \ f_2 = 1) = 39.9 < F_2$$

$$F \ (a = 0.25, \ f_1 = 1, \ f_2 = 1) = 5.83 < F_2$$

（其中：f_1 为分子的自由度，f_2 分母的自由度）

所以第二列对试验指标的影响在 $\alpha = 0.10$ 水平上显著。其他列的计算结果见表 1-8。

表 1-8　K 的极差分析和方差分析

列号	$j = 1$	2	3	4	5	6
因素	Δp	T	w	M	e	K（m²/s）
项目						
I_j	6.94×10^{-4}	1.92×10^{-3}	3.04×10^{-3}	2.54×10^{-3}	2.49×10^{-3}	
II_j	1.08×10^{-3}	2.97×10^{-3}	1.84×10^{-3}	2.35×10^{-3}	2.40×10^{-3}	
III_j	1.50×10^{-3}					
IV_j	1.61×10^{-3}					$\Sigma K =$
k_j	2	4	4	4	4	4.88×10^{-3}
I_j / k_j	3.47×10^{-4}	4.79×10^{-4}	7.61×10^{-4}	6.35×10^{-4}	6.22×10^{-4}	（m²/s）
II_j / k_j	5.38×10^{-4}	7.42×10^{-4}	4.61×10^{-4}	5.86×10^{-4}	5.99×10^{-4}	
III_j / k_j	7.52×10^{-4}					
IV_j / k_j	8.06×10^{-3}					
D_j	4.59×10^{-4}	2.63×10^{-4}	3.00×10^{-4}	4.85×10^{-5}	2.30×10^{-5}	
S_j	2.65×10^{-7}	1.38×10^{-7}	1.80×10^{-7}	4.70×10^{-9}	1.06×10^{-9}	$\bar{K} =$
f_j	3	1	1	1		6.11×10^{-4}
V_j	8.84×10^{-8}	1.38×10^{-7}	1.80×10^{-7}	4.70×10^{-9}	1.06×10^{-9}	（m²/s）
F_j	83.6	130.2	170.1	4.44	1.00	
$F0.01$	5403	4052	4052	4052		
$F0.05$	215.7	161.4	161.4	161.4		
$F0.10$	53.6	39.9	39.9	39.9		
$F0.25$	8.20	5.83	5.83	5.83		
显著性	2*（0.10）	2*（0.10）	3*（0.05）	0*（0.25）		

（6）由极差分析结果引出的结论：请同学们自己分析。

（7）由方差分析结果引出的结论。

① 第 1、2 列上的因素 Δp、T 在 $\alpha = 0.10$ 水平上显著；第 3 列上的因素 w 在 $\alpha = 0.05$ 水平上显著；第 4 列上的因素 M 在 $\alpha = 0.25$ 水平上仍不显著。

② 各因素、水平对 K 的影响变化趋势如图 1-12 所示。图 1-12 是用表 1-6 的水平、因素和表 1-8 的 I_j/k_j、II_j/k_j、III_j/k_j、IV_j/k 值来标绘的。从图中可看出：

A. 过滤压强差增大，K 值增大；

B. 过滤温度增大，K 值增大；

C. 过滤浓度增大，K 值减小；

D. 过滤介质由 1 水平变为 2 水平，多孔陶瓷微孔直径减小，K 值减小。因为第 4 列对 K 值的影响在 $\alpha = 0.25$ 水平上不显著，所以此变化趋势是不可信的。

③ 适宜操作条件的确定。由恒压过滤速率议程式可知，试验指标 K 值愈大愈好。为此，本例的适宜操作条件是各水平下 K 的平均值最大时的条件：

过滤压强差为 4 水平，5.88 kPa。

过滤温度为 2 水平，33 ℃。

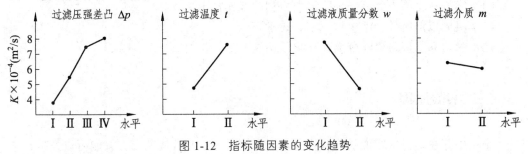

图 1-12　指标随因素的变化趋势

过滤浆液浓度为 1 水平，稀滤液

过滤介质为 1 水平或 2 水平（这是因为第 4 列对 K 值的影响在 $\alpha = 0.25$ 水平上不显著。为此可优先选择价格便宜或容易得到者）。

上述条件恰好是正交表中第 8 个试验号。

第二章 工业微生物育种与发酵调控实验

>>> 实验一 纤维素酶产生菌的分离筛选

一、实验目的

（1）掌握从土壤中分离某种特定微生物的操作技术。

（2）巩固以前所学的微生物学实验技术。

（3）学习和掌握微生物分离、纯化及保藏方法。

二、实验原理

土壤中存在着大量纤维素分解酶，包括真菌、细菌和放线菌等，它们可以产生纤维素酶。

纤维素酶（cellulose）又称纤维素酶系，是一种复合酶，一般认为它至少包括三种组分，即 C_1 酶[纤维素外切酶、C_x 酶（纤维素内切酶）]和葡萄糖苷酶，前两种酶使纤维素分解成纤维二糖，第三种酶将纤维二糖分解成葡萄糖使微生物加以利用，故在用纤维素作为唯一碳源的培养基中，纤维素分解菌能够很好地生长，其他微生物则不能生长。

在培养基中加入刚果红，刚果红可与培养基中的纤维素形成红色复合物，当纤维素被分解后，红色复合物不能形成，培养基中会出现以纤维素分解菌为中心的透明圈，从而可筛选纤维素分解菌。

从自然界筛选菌种的具体做法，大致可以分成以下四个步骤：采样、增殖培养、纯种分离和性能测定。

1. 采 样

采样即采集含菌的样品。采集含菌样品前应调查研究一下自己打算筛选的微生物在哪些地方分布最多，然后才可着手做各项具体工作。在土壤中几乎各种微生物都可以找到，因而土壤可说是微生物的大本营。在土壤中，数量最多的当推细菌，其次是放线菌，第三是霉菌，酵母菌最少。除土壤以外，其他各类物体上都有相应的占优势生长的微生物。例如枯枝、烂叶、腐土和朽木中纤维素分解菌较多，面粉加工厂和菜园土壤中淀粉的分解菌较多，果实、蜜饯表面酵母菌较多，蔬菜牛奶中乳酸菌较多，油田、炼油厂附近的土壤中石油分解菌较多等。

2. 增殖培养（又称加富培养）

增殖培养就是在所采集的土壤等含菌样品中加入某些物质，并创造一些有利于待分离微生物生长的其他条件，使能分解利用这类物质的微生物大量繁殖，从而便于我们从其中分离到这类微生物。因此，增殖培养事实上是选择性培养基的一种实际应用。

3. 纯种分离

在生产实践中，一般都应用纯种微生物进行生产。上述的增殖培养使我们要分离的微生物从数量上的劣势转变为优势，从而提高了筛选的效率，但是要得到纯种微生物就必须进行纯种分离。纯种分离的方法很多，主要有平板划线分离法、稀释分离法、单孢子或单细胞分离法、菌丝尖端切割法等。

4. 性能测定

分离得到纯种只是选种工作的第一步。所分得的纯种是否具有生产上所要求的性能，还必须要进行性能测定后才能决定取舍。性能测定的方法分初筛和复筛两种。

初筛一般在培养皿上根据选择性培养基的原理进行。例如要测定纤维素酶的活力可以把斜面上各个菌株点种在含有纤维素粉和刚果红等的培养基表面，经过培养后测定透明圈与菌落直径的比值大小来衡量纤维素酶活力的高低。

复筛是在初筛的基础上做比较精细的测定。一般是将微生物培养在三角瓶中作摇瓶培养，然后对培养液进行分析测定。在摇瓶培养中，微生物得到充分的空气，在培养液中分布均匀，因此和发酵罐的条件比较接近，这样测得的结果更具有实际的意义。

5. 菌种保藏

菌种保藏是一切微生物工作的基础，其目的是使菌种被保藏后不死亡、不变异、不被杂菌污染，并保持其优良性状，以利于生产和科研应用。菌种保藏是为了达到长期保持菌种的优良特性，核心问题是必须降低菌种变异率，而菌种的变异主要发生于微生物旺盛生长、繁殖过程，因此必须创造一种环境，使微生物处于新陈代谢最低水平，生长繁殖不活跃状态。常用的方法主要有常规转接斜面低温保藏法、半固体穿刺保藏法、液体石蜡保藏法、含甘油培养物保藏法、沙土管保藏法等。特殊的有真空冷冻干燥保藏法和液氮超低温保藏法。本次试验分离纯化获得的菌株采用斜面低温保藏法即可。

三、实验器材

1. 土 样

滤纸埋放一定时间的土壤。

2. 培养基

（1）纤维素刚果红培养基　配方（g/L）：羧甲基纤维素钠 5.0、硝酸钠 1.0、磷酸氢二钠 1.2、磷酸二氢钾 0.9、硫酸镁 0.5、氯化钾 0.5、酵母浸膏 0.5、酪蛋白 0.5、刚果红 0.2、琼脂 15～20、pH 7.0。

（2）固体产酶培养基　配方（g/L）： $(NH_4)_2SO_4$ 10、$MgSO_4 \cdot 7H_2O$ 1、玉米芯粉 150、麸皮 150、自来水 1000，pH 自然。

3. 器 具

电子天平（4 台）、立式灭菌锅（1 台）、恒温培养箱（1 台）、一次性无菌培养皿（9 套/组）、蘑菇袋（2 个/组）、试管（9 支/组）、试管架（1 个/组）、1 mL 移液管（2 支/组）、刮铲（1 个/组）、酒精灯（1 个/组）、接种环（1 个/组）、250 mL 三角瓶（1 个/组）、150 mL 三角瓶（1 个/组）、记号笔（20 支）等。

四、实验方法与步骤

1. 实验前期准备

（1）按照组数配置纤维素刚果红培养基（220 mL×组数），融化后，每组分装于 1 个 250 mL 三角瓶和 6 支试管（约 5 mL/支）。

（2）按照组数配置固体产酶培养基（100 g×组数），分装在蘑菇袋中，50 g/袋，4 袋/组。

（3）每组准备：

① 用报纸包扎 1 mL 移液管 2 支（带棉花）；刮铲 1 个；

② 在 7 支试管用移液管分别装有 4.5 mL 自来水，加乳胶塞并用报纸或牛皮纸将其捆成一捆；

③ 在装有若干玻璃珠的 100 mL 或 150 mL 三角瓶中加入 45 mL 自来水，用封口膜和报纸包扎。

将以上准备好的培养基和物品放置在高压灭菌锅中，121 ℃灭菌 20～30 min。

2. 分离筛选

（1）采集土样：利用滤纸埋放一定时间的土壤。

（2）样品稀释：称取粉碎土样 5 g，放入 50 mL 带玻璃珠无菌水的三角瓶中，摇晃 10 min。用 1 mL 无菌吸管吸取 0.5 mL 注入 4.5 mL 无菌水试管中，梯度稀释至 10^{-7}。

（3）分离：先倒入灭菌并融化的固体培养基倒平板，冷凝后，按照图 2-1 所示，用稀释样品的同支移液管分别依次从 10^{-7}、10^{-6}、10^{-5}、10^{-4} 样品稀释液中，吸取 0.1 mL 注入无菌培养皿中，用刮铲涂布均匀，倒置于 30 ℃恒温培养箱中培养 3～4 天。

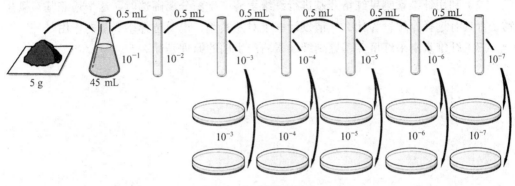

图 2-1　土样稀释涂布

（4）检查：培养 3～4 天后，取出平板，选取单菌落较为分散的培养皿，观察菌落周围是否有透明圈，有透明圈说明该菌能分解纤维素。

3. 菌株保藏

从平板上选取透明圈直径与菌落直径之比（HC 值）较大的菌落，用接种环挑取 HC 值较大的单菌落（同一个单菌落）分别接至 3 支试管斜面上，30 ℃恒温培养后观察菌苔和孢子生长情况，保存备用（1 支斜面用于紫外诱变，1 支斜面用于固体发酵，1 支斜面备用）。

4. 固体发酵

选取诱变前后各一支培养好无污染的菌种试管斜面，加 10 mL 无菌水洗下孢子，制成孢子悬液，按 8%接种量接入固体产酶培养基中（约 4 mL 菌液/袋），置于温培养箱 30 ℃培养 5～8 天测其产酶情况。

五、实验结果记录

（1）各组自行选取合适稀释度的平板进行菌落计数，并计算该土样所分离筛选纤维素酶产生菌的情况。

（2）记录你选取菌落的 HC 值。

（3）若实验失败试分析原因及改进措施。

六、思考题

（1）在纤维素酶产生菌分离筛选中，如果找不到合适的环境采样，可以将滤纸埋在土壤中，将滤纸埋在土壤中有什么作用？你认为滤纸应该埋在土壤中多深？

（2）利用纤维素刚果红培养基进行纤维素酶产生菌分离筛选时，这个培养基对微生物是否具有选择作用？为什么？请设计一个对照实验，说明选择培养基的作用。

（3）纤维素刚果红培养基鉴别纤维素酶产生菌的原理是什么？

实验二　紫外线对纤维素酶产生菌的诱变效应

一、实验目的

（1）掌握紫外线诱变处理微生物的原理和方法。

（2）观察紫外线对纤维素酶产生菌的诱变效应。

（3）了解光复活作用的原理。

二、实验原理

紫外线是一种使用最早、沿用最久、应用广泛、效果明显的物理诱变剂。它的诱变频率高，而且不易回复突变，迄今仍是微生物育种中最常用和最有效的诱变剂之一。紫外线的波长在 10～400 nm，但对微生物诱变有效的波长在 200～300 nm，一般 15 W 紫外灯所发射的紫外线大约有 80% 波长集中在 253.7 nm。

紫外线诱变的主要生物学效应是由于 DNA 变化而造成的，DNA 对紫外线有强烈的吸收作用，尤其是碱基中的嘧啶，它比嘌呤更为敏感。紫外线被 DNA 吸收后可引起突变，如 DNA 与蛋白质的交联作用，胞嘧啶与尿嘧啶之间的水合作用，DNA 链的断裂，及相邻嘧啶间形成二聚体，而形成嘧啶二聚体是产生突变的主要原因。二聚体的出现会减弱双链间氢键的作用，并引起双链结构扭曲变形，阻碍碱基间的正常配对，从而有可能引起突变或死亡。在互补双链间形成嘧啶二聚体的机会较少。但一旦形成，就会妨碍双链的解开，因而影响 DNA 的复制和转录，并使细胞死亡。把经紫外线照射后的微生物立即暴露于可见光下时，可明显降低其死亡率的现象，称为光复活作用。因此，在进行紫外线诱变育种时，只能在红光或黄光下处理，且经诱变处理后的微生物菌种要避免可见光的照射，故经紫外线照射后样品需用黑纸或黑塑料袋包裹。另外，照射处理后的孢子悬液不要贮放太久，以免突变后在黑暗中修复。

三、实验器材

1. 菌　种

各组自行分离保存的纤维素酶产生菌。

2. 培养基

刚果红纤维素培养基 300 mL：培养基配方同实验一。

3. 主要器皿

电子天平（4台）、立式灭菌锅（2台）或卧式灭菌锅（1台）、恒温培养箱（1台）、带 15 W 紫外灯超净工作台（1台）、500 mL 和 250 mL 三角瓶（各 1 个/组）、一次性无菌培养皿（16 套/组）、试管（10 个/组）、试管架（1 个/组）、1 mL 移液管（2 支/组）、刮铲（1 个/组）、酒精灯（1 个/组）、记号笔（20 支）等。

四、实验步骤

1. 实验准备

（1）按照组数配制刚果红纤维素培养基（300 mL×组数），每 300 mL 装在 500 mL 三角瓶中，包扎。

（2）每组准备：

① 用报纸包扎 16 套培养皿、1 mL 移液管 2 支（带棉花）、刮铲 1 个。

② 在 8 支试管用移液管分别装有 4.5 mL 自来水，加乳胶塞并用报纸或牛皮纸将其捆成一捆。

③ 在装有若干玻璃珠的 250 mL 三角瓶中加入 100 mL 自来水，用封口膜和报纸包扎。将以上准备好的培养基和物品放置在高压灭菌锅中，121 ℃灭菌 20 min。

2. 菌悬液的制备

取自行分离保存的纤维素酶产生菌试管斜面一支，在酒精灯旁加少量无菌水将菌苔洗下，并倒入盛有玻璃珠的三解瓶中，强烈振荡 10 min，以打散细胞制成菌悬液。

3. 稀释涂布

按照实验一中图 2-1 所示，对菌悬液进行稀释涂平板。菌悬液按 10 倍稀释法稀释至 10^{-10}；培养皿底部分别标注照射时间，每个处理重复 2 皿。每 3 组合作实验进行数据统计（第 1 组：0 s 和 30 s，第 2 组：0 s 和 60 s，第 3 组：0 s 和 90 s。），

0 s 取 10^{-10}、10^{-9}、10^{-8}、10^{-7} 4 个稀释度涂布，30 s 和 60 s 分别取 10^{-9}、10^{-8}、10^{-7}、10^{-6} 4 个稀释度涂布，90 s 分别取 10^{-8}、10^{-7}、10^{-6}、10^{-5} 4 个稀释度各取 0.1 mL 稀释液涂布 2 皿，用无菌刮铲涂布均匀，盖上皿盖，除留下对照外，其余各按时间依次放在紫外灯下准备照射。注意在每个平板背后要标明处理时间、稀释度、班级和组别。

4. 诱变处理

预先打开紫外灯照射 20 min 使光波稳定后，先将皿盖打开，使平板培养基暴露在紫

外灯下，开始计时，到达指定照射时间（30、60、90 s）后，每隔 30 s 盖上相应的皿盖，结束后关闭紫外灯，取出培养皿并用黑塑料袋包好放在 37 ℃培养箱倒置培养，48 h 后观察记录结果。

五、实验结果记录

1. 诱变效应的观察

观察平板菌落生长情况，选取透明圈较大的单菌落，测其透明圈和菌落直径，计算 HC 值，并取 HC 值最大单菌落转 2 支试管斜面培养备用。

2. 结果记录

将培养 48 h 后的平板，选取合适稀释倍数的重复平板进行菌落计数，根据平板上菌落数，计算出不同紫外线照射剂量下每毫升菌液中的活菌数。并按下列公式计算不同照射时间的存活率和致死率。

$$存活率（100\%）= \frac{处理后 1\,mL 菌液中活菌数}{对照 1\,mL 菌液中活菌数} \times 100$$

$$突变率（100\%）= \frac{处理后 1\,mL 菌液中活菌数}{对照 1\,mL 菌液中活菌数} \times 100$$

表 2-1　紫外线处理后纤维素酶产生菌的存活率和致死率

照射时间/s	平均菌落数/个	稀释倍数	每毫升菌液中的活菌数/个	存活率/%	突变率/%
0					
30					
60					
90					

注：若实验失败试分析原因及改进措施。

六、思考题

（1）利用紫外线照射进行菌种诱变的原理、步骤及注意事项？
（2）经紫外线照射后的菌体在后续操作和培养过程中为什么要在暗处或红光下进行？
（3）如何计算致死率、正突变率和负突变率？
（4）如何确定紫外线对粘质赛氏杆菌的最佳诱变剂量？

实验三　纤维素酶活力的测定

一、实验目的

（1）学习和掌握纤维素酶活力测定的原理和方法。

（2）学习和掌握还原糖的测定、标准曲线的制作及分光光度计的使用方法。

二、实验原理

纤维素酶能将羧甲基纤维素降解成寡糖和单糖。具有还原性末端的寡糖和有还原基团的单糖在沸水浴条件下可以与 3，5-二硝基水杨酸（DNS）试剂发生显色反应，反应颜色的强度与酶解产生的还原糖量成正比，而还原糖的生成量又与反应液中的纤维素酶的活力成正比。因此，通过分光比色测定反应液颜色的强度，可以计算反应液中的纤维素酶的活力。还原糖能使 3，5-二硝基水杨酸还原，生成棕红色的 3-氨基-5-硝基水杨酸，其反应如图 2-2 所示。

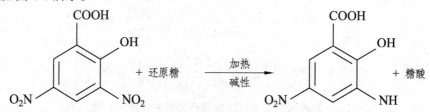

图 2-2　还原糖使 3，5-二硝基水杨酸还原成 3-氨基-5-硝基水杨酸

三、实验材料与器具

1. 试　剂

（1）标准葡萄糖溶液（1 mg/mL）：精确称取无水葡萄糖 100 mg，用蒸馏水溶解并定容至 100 mL。

（2）氢氧化钠溶液（200 g/L）：称取氢氧化钠 20.0 g，加水溶解，定容至 100 mL。

（3）pH5.5 醋酸-醋酸钠缓冲溶液：取醋酸钠 46.74 g，加冰醋酸 5.7 mL，再加水稀释至 1 000 mL，即得。

（4）羧甲基纤维素钠溶液[0.8%（w/v）]：称取羧甲基纤维素钠 0.80 g，加入到盛有 60 mL pH5.5 乙酸-乙酸钠缓冲溶液的烧杯中，搅拌，同时缓慢加热，直至羧甲基纤维素钠完全溶解（在搅拌加热过程中可以补加适量的缓冲液，但是溶液的总体积不能超过 100 mL），停止搅拌，用 pH5.5 乙酸-乙酸钠缓冲液将其定容至 100 mL，羧甲基纤维素钠溶液能立即使用，使用前适当摇匀。4 ℃避光保存。

（5）DNS试剂：称取3，5-二硝基水杨酸3.15 g，加水500 mL，搅拌5 min，水浴至45 ℃，然后逐步加入100 mL氢氧化钠溶液，同时不断搅拌，直到溶液清澈透明（在加入氢氧化钠过程中，溶液温度不要超过48 ℃），再逐步加入四水酒石酸钾钠91.0 g、苯酚2.50 g和无水亚硫酸钠2.50 g，继续45 ℃水浴加热，同时补加水300 mL，不断搅拌，直到加入的物质完全溶解，停止加热，冷却至室温后，用水定容至1 000 mL，储存在棕色试剂瓶中避光保存，室温下存放7天后使用，有效期为6个月。

2. 器　具

电子天平4台、可见分光光度计4台、恒温水浴锅2台、普通漏斗（2个/组）、滤纸（4张/组）、试管（12支/组）、试管架（1个/组）、1 mL移液管（4支/组）、5 mL和10 mL移液管各10支、100 mL和1 000 mL容量瓶各2个、500 mL棕色试剂瓶2个、记号笔20支等。

四、方法步骤

1. 纤维素酶活力单位定义

在上述条件下（40 ℃、pH 5.5），每毫升待测酶液每分钟催化底物生成1 μg还原糖的量定义为1个酶活力单位。

2. 纤维素酶粗酶液的制备

称取已成熟的固体培养麸曲约1 g于试管中，加pH 5.5醋酸-醋酸钠缓冲溶液10 mL，搅匀，置40 ℃水浴30 min，用滤纸过滤，滤液即为纤维素酶粗酶液，待测。

3. 葡萄糖标准曲线的制作

取12支干净试管，编号（各做两个重复），按表2-2加入试剂：

表2-2　葡萄糖标准曲线的制作

试剂	管号					
	1	2	3	4	5	6
加葡萄标准液/mL	0	0.1	0.2	0.3	0.4	0.5
加蒸馏水/mL	1.0	0.9	0.8	0.7	0.6	0.5
葡萄糖含量/mg	0	0.1	0.2	0.3	0.4	0.5
加DNS试剂/mL	2.0	2.0	2.0	2.0	2.0	2.0

加试管塞摇匀，置沸水浴中煮沸 5 min，取出后流水冷却，加蒸馏水 9 mL 摇匀。以 1 号管作为空白调零点，在 540 nm 波长下比色测定光密度。以葡萄糖含量为横坐标，光吸收值为纵坐标，绘制标准曲线。

4. 酶活力的测定

取 5 支干净的试管，编号，按表 2-3 操作对纤维素酶粗酶液或稀释液进行酶活力测定。

表 2-3　酶活力测定取样表

项目	管　号								
	1	2	3	4	5	6	7	8	9
加测样体积/mL	1.0（蒸馏水）	1.0（样1原液）	1.0（样2原液）	1.0（样3原液）	1.0（样4原液）	1.0（样1稀释液）	1.0（样2稀释液）	1.0（样3稀释液）	1.0（样4稀释液）
预保温	将各试管和羧甲基纤维素钠溶液溶液置于 40 ℃恒温水浴中保温 1 min								
加羧甲基纤维素钠溶液/mL	1.0	1.0	1.0	1.0	1.0	1.0	1.0	1.0	1.0
保温酶解反应	在 40 ℃恒温水浴中准确保温 10 min								
加 DNS 试剂/mL	2.0	2.0	2.0	2.0	2.0	2.0	2.0	2.0	2.0
沸水浴反应	加试管塞摇匀，置沸水浴中煮沸 5 min，取出后流水冷却。								
加蒸馏水/mL	9.0	9.0	9.0	9.0	9.0	9.0	9.0	9.0	9.0
测定吸光值	摇匀，以 1 号管作空白调零，在 540 nm 波长比色测定吸光值，记录测定结果。								

五、结果计算

利用葡萄糖回归方程算出 1、2、3、4 样品吸光值所对应的葡萄糖含量（mg），按下列公式计算纤维素酶的活力：

酶活力单位[IU] = $r \times D \times 1\,000/t$

上式中：r 为通过样品吸光值算得的葡萄糖对应浓度（mg/mL）；D 为稀释倍数；1 000 为 mg 到 μg 的单位转换，t 为酶解时间。

按下式计算样品每克湿曲的酶活：

U/g 湿曲 $= IU \times V/W$

上式中：IU 为 1 mL 待测酶液测得的酶活；V 为制备酶液总体积；W 为测定湿曲的重量。

六、附 注

（1）样品提取液的定容体积和酶液稀释倍数可根据不同菌株产酶活的大小而定。

（2）为了确保酶促反应时间的准确性，在进行保温这一步骤时，可以将各试管每隔一定时间依次放入恒温水浴，准确记录时间，到达 5 min 时取出试管，立即加入 3, 5-二硝基水杨酸以终止酶反应，以便尽量减小因各试管保温时间不同而引起的误差。同时恒温水浴温度变化应不超过 ± 0.5 ℃。

七. 实验结果记录

（1）计算各组自行分离筛选菌株产纤维素酶活力大小。并与其他小组比较测定结果，了解分析不同菌株产纤维素酶的情况。

（2）根据你选取菌落的 HC 值和测得的纤维素酶活力测定结果，与其他组比较分析 HC 值与菌株产酶的关系。

（3）若实验失败，试分析原因及改进措施。

八、思考题

（1）为什么要将各试管中的样液和羧甲基纤维素钠溶液分别置于 40 ℃水浴中保温？

（2）酶活力测定的原则是什么？

（3）酶活力测定过程中需注意哪些事项？

实验四　细菌原生质体的制备和计数

一、实验目的

学习苏云金芽孢杆菌原生质体的制备与计数方法，掌握其基本原理。

二、基本原理

原生质体（protoplast）是指除去细胞壁的细胞或是说一个被质膜所包围的裸露细胞。19世纪50~60年代才开始采用酶法大量制备植物和微生物原生质体。Weibull等于1953年首次用溶菌酶处理巨大芽孢杆菌（*Bacillus megaterium*）细胞获得原生质体，并首先提出原生质体概念。20世纪70年代以来，各种原生质体操作技术已成为工业微生物育种的重要手段，以微生物原生质体为材料的常见育种方法有原生质体再生育种，原生质体诱变育种，原生质体转化育种，原生质体融合育种及其他原生质体育种等。

本实验选用苏云金芽孢杆菌通过酶法去除细胞壁，通过显微计数法观察测定原生质体的形成情况。

三、实验器材

1. 菌　种

苏云金芽孢杆菌。

2. 缓冲液

① 0.1 mol/L pH 6.0 磷酸缓冲液：K_2HPO_4 相对分子质量 = 174.18，0.1 mol/L 溶液为 17.4 g/L，称取 17.4 g K_2HPO_4，溶解于蒸馏水中，定容至 1 000 mL。KH_2PO_4 相对分子质量 = 136.09，0.1 mol/L 溶液为 13.6 g，称取 13.6 g KH_2PO_4，溶解于蒸馏水中，定容至 1 000 mL。各自灭菌后再量取 60 mL 0.1 mol/L 的 K_2HPO_4 和 940 mL 0.1 mol/L 的 KH_2PO_4，混匀即可配制成 1 L pH 6.0 的 0.1 mol/L 磷酸缓冲液。

② 高渗缓冲液：于上述缓冲液中加入 0.8 mol/L 甘露醇。

3. 试　剂

（1）原生质体 SMM 稳定液：0.5 mol/L 蔗糖、20 mmol/L $MgCl_2$、0.02 mol/L 顺丁烯

二酸，调 pH 6.5。

（2）溶菌酶液：酶活为 4 000 U/g，用 SMM 溶液配制，终浓度为 200 U/mL，过滤除菌备用。

4. 器　具

离心管、台式离心机、接种环、酒精灯、三角瓶、显微镜、移液管、试管、容量瓶、血球计数板、显微镜等。

四、实验步骤方法

菌液的制备：取苏云金芽孢杆菌试管培养斜面转接入装有 100 mL 液体完全培养基的 250 mL 三角瓶中，37 ℃振荡培养过夜，使细胞生长进入对数生长期。

收集细胞：取菌液 10 mL，6 000 r/min 离心 10 min，弃上清液，将菌体悬浮于 pH 6.0 磷酸缓冲液中，离心。如此再洗涤一次，将菌体悬浮 5 mL SMM 中，每毫升 约含 108 ~ 109 个活菌为宜。

总菌数测定：取上述菌液稀释约 100 倍，采用血球计数板计数法（或显微计数法）计算细菌总数。此为未经酶处理的总菌数。

脱壁：再取 4 mL SMM 制备的菌悬液，加入 4 mL 溶菌酶溶液，溶菌酶浓度约为 100 U/mL，混匀后于 37 ℃水浴保温处理 30 min，定时取样，镜检观察原生质体形成情况，当95%以上细胞变成球状原生质体时，用 4 000 r/min 离心 10 min，弃上清液，用高渗缓冲液洗涤除酶，然后将原生质体悬浮于 5 mL 高渗缓冲液中。立即进行剩余菌数的测定。

剩余菌数测定：取上述原生质体悬液，用无菌水稀释约 10 倍，使原生质体裂解死亡（镜检观察原生质体破裂情况），采用血球计数板计数法（或显微计数法）计算细菌总数。此为未被酶裂解的剩余细胞。

计算酶处理后剩余细胞数，并计算苏云金芽孢杆菌原生质体的形成率。

$$原生质体形成率（\%）= \frac{未经酶处理的总菌酶 - 酶处理后剩余细胞数}{未经酶处理总菌数} \times 100$$

五、实验记录

（1）分别记录未经酶处理的总菌数、酶处理后剩余细胞数，计算原生质体的形成率。

表 2-4　实验记录

不同处理	平均菌落数/个	稀释倍数	每毫升菌液中的活菌数/个	原生质体形成率/%
未经酶处理的总菌数				
酶处理后剩余细胞数				

（2）试分析影响本试验成败的因素有哪些？

六、思考题

酶法制备原生质体过程中应注意哪些事项？

一、实验目的

（1）了解营养缺陷型突变株选育的原理。

（2）学习并掌握细菌氨基酸营养缺陷型的诱变、筛选与鉴定方法。

二、实验原理

筛选营养缺陷型菌株一般具有四个环节：诱变处理、营养缺陷性的浓缩、检出、鉴定缺陷型。本实验选用紫外线为诱变剂，来诱发突变，并用青霉素法淘汰野生型，逐个测定法检出缺陷型，最后经生长谱法鉴定细菌的营养缺陷型。

三、实验器材

离心机、紫外线照射箱、冰箱、恒温箱、高压灭菌锅；三角烧瓶、试管、离心管、移液管、培养皿、接种针

四、实验材料

1. 菌 种

E.coli。

2. 培养基

（1）LB 培养液：酵母膏，0.5 g；蛋白胨，1 g；NaCl，0.5 g；水，100 mL，pH 7.2 121 ℃灭菌 15 min。

（2）2×LB 培养液：其他不变，水，50 mL。

（3）基本培养基：葡萄糖 0.5 g，$(NH_4)_2SO_4$ 0.1 g，柠檬酸钠 0.1 g，$MgSO_4 \cdot 7H_2O$ 0.02 g，K_2HPO_4 0.4 g，KH_2PO_4 0.6 g，重蒸水 100 mL，pH 7.2，110 ℃灭菌 20 min。配固体培养基时需加 2%洗涤处理过的琼脂。全部药品需用分析纯，使用的器皿需用蒸馏水或重蒸水冲洗 2~3 次。

（4）无 N 基本液体培养基：K_2HPO_4，0.7 g；KH_2PO_4，0.3 g；柠檬酸钠 $3H_2O$，0.5 g；

MgSO₄ 7H₂O，0.01 g；葡萄糖 2 g；水 100 mL，pH7.0，110 ℃灭菌 20 min。

（5）2N 基本培养基：K_2HPO_4，0.7 g；KH_2PO_4，0.3 g；柠檬酸钠 $3H_2O$，0.5 g；$MgSO_4$ $7H_2O$，0.01 g；$(NH_4)_2SO_4$，0.2 g；葡萄糖 2 g；水 100 mL，pH7.0，110 ℃灭菌 20 min。

完全培养基同 LB 培养基，配置固体培养基，需加 2%的琼脂。混合氨基酸和混合维生素。

五、步 骤

1. 菌悬液制备

（1）取 *E.coli* K12 一环加入到 10 mL LB 培养液中在 37 ℃下过夜培养；

（2）取 0.3 μL 菌液转接到 10mL LB 培养液中，在 37 ℃摇床上振荡培养 4~6 h，使细胞处在对数生长期；

（3）取适量菌液加入到 5 mL 离心管中，7 000 r/min 离心 3~4 min，离心 2 次，弃上清液，打匀沉淀，各加入 4 mL 无菌生理盐水，充分振荡混匀。

2. 诱变处理

（1）取 3 mL 菌悬液，加入到 7 cm 小皿内，轻轻震荡使其均匀在皿底形成一薄层。平放在灭菌的超净工作台上，盖盖灭菌 1 min，然后打开皿盖照射 2 min（15W）。

（2）诱变后处理

取 3 mL 诱变后菌液加入到离心管中，7 000 r/min 离心 3 到 4 分钟，弃上清，加入 4 mL 生理盐水离心洗涤 2 次，重悬于 3 mL 生理盐水中，取 0.2 μL 加入到 5 mL 2LB 基本培养基内，37 ℃培养过夜（后培养）。

3. 检出缺陷性菌株

（1）初筛：从培养 12 h、16 h、24 h 的菌液中，各自取 100 μL，分别在 LB 完全培养基和基本培养基上涂布 2 个平板，做好标记，在 37 ℃下培养 36 h。

（2）复筛：签挑取完全培养基上长出的菌落 200 个，分别点种在基本培养基和完全培养基上，37 ℃过夜培养。

4. 复 证

挑取 LB 完全培养基上有而基本培养基上没有的菌落，在基本培养基上划线复证，并在完全培养基上保留备份，37 ℃过夜培养。24 h 后仍不长的为缺陷型。

5. 生长谱鉴定

（1）营养缺陷型浓缩（淘汰野生型）。

第三天，延迟处理：吸菌液 5 mL 于离心管中，3 500 r/min 离心 10 min，弃上清。离心洗涤两次（加生理盐水至原体积，打匀沉淀，离心，弃上清，重复一次），最后加生理盐水制成 5 mL 菌悬液。

取 0.1 mL 菌液于 5 mL 无 N 培养基中，37 ℃培养 12 h。（消耗体内的 N 素，使停止生长，避免缺陷型被以后加入的青霉素杀死）

第四天，按 1∶1 比例加入 2N 基本培养液 5 mL，加 5 万 U/mL 青霉素钠盐溶液 100 uL，使青霉素在溶液中的最终浓度约为 500 U/mL，再放入 37 ℃培养。（野生型利用氮大量生长，细胞壁不能完整合成而死亡，缺陷型因不长避免被杀死）

第五天，从培养 12 h、14 h、16 h、24 h（根据实际情况，选择 2～3 个时间段）的菌液中分别取 0.1 mL 菌液到基本及完全培养基两个培养皿中，涂布，37 ℃培养。

（2）营养缺陷型检出。

第七天，检出营养缺陷型。上述平板培养 36～48 h 后，进行菌落计数。选取完全培养基上长的菌落数大大超过基本培养基的那一组，用灭菌牙签挑取完全培养基上长出的菌落 100 个分别点种于基本培养基和完全培养基上（先基本，后完全），37 ℃培养。

第九天，选在基本培养基上不长，完全培养基上生长的菌落在基本培养基上画线，37 ℃培养 24 h，仍不长的是营养缺陷型。

（3）营养缺陷型鉴定。

在同一平皿上测定一种缺陷型菌株对许多种生长因子的需求情况为生长谱法。

单一生长因子：鉴定氨基酸或维生素的营养缺陷型，较为简便的方法是分组测定法。将 21 种氨基酸，组合 6 组，每 6 种不同氨基酸归为一组（见表 1-5）。如果以 15 种维生素进行测定，则把 5 种维生素归为一组，共 5 个组合（见表 1-6）。

表 2-5　氨基酸组合组

组别	氨基酸					
1	赖氨酸	精氨酸	蛋氨酸	胱氨酸	亮氨酸	异亮氨酸
2	缬氨酸	精氨酸	苯丙氨酸	酪氨酸	色氨酸	组氨酸
3	苏氨酸	蛋氨酸	苯丙氨酸	谷氨酸	脯氨酸	天冬氨酸
4	丙氨酸	胱氨酸	酪氨酸	谷氨酸	甘氨酸	丝氨酸
5	鸟氨酸	亮氨酸	色氨酸	脯氨酸	甘氨酸	谷氨酰胺
6	胍氨酸	异亮氨酸	组氨酸	天冬氨酸	丝氨酸	谷氨酰胺

表 2-6　维生素组合组

组别	维生素				
1	维生素 A	维生素 B_1	维生素 B_2	维生素 B_6	维生素 B_{12}
2	维生素 C	维生素 B_1	维生素 D_2	维生素 E	烟酰胺
3	叶酸	维生素 B_2	维生素 D_2	胆碱	泛酸钙
4	对氨基苯甲酸	维生素 B_6	维生素 E	胆碱	肌醇
5	生物素	维生素 B_{12}	烟酰胺	泛酸钙	肌醇

第十天，生长谱的测定：将检出的营养缺陷型菌落接种于 5mL LB 液试管中，37 ℃ 培养 14～16 h。

第十一天，培养 16 h 的菌液离心。3 500 r/min，10 min，弃上清，加生理盐水，打匀沉淀，再次离心。加 5 mL 生理盐水制成菌悬液。取其 1 mL 于培养皿中，加入融化后冷却到 40～50 ℃的基本培养基，混匀，平放，共二皿。[平板表面分别蘸上沾有混合氨基酸（或酪素水解液）的滤纸片，30 ℃培养 24 h，经培养后营养物质周围有生长圈，即表明为氨基酸的营养缺陷型菌株]。将皿底分成分格用接种环依次放入少许混合氨基酸等，37 ℃培养 24 h，观察生长情况，确定是哪种氨基酸营养缺陷型（见图 2-3）。

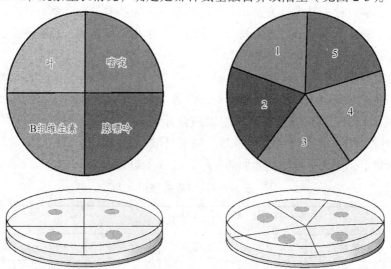

1、2、3、4、5 均为氨基酸组合。

图 2-3　确定氨基酸营养缺陷型

六、实验结果与分析

（1）简要描述营养缺陷型检出结果。

（2）分析生长谱鉴定结果图。

实验六　氨基酸抗反馈调节突变株的选育

一、实验目的

学习应用代谢终产物的结构类似物的选择性培养基筛选抗反馈抑制突变型菌株的方法，提高氨基酸生产菌株的产量。

二、实验原理

氨基酸、嘌呤和嘧啶核苷酸生物合成的控制总是以反馈调节方式进行。其生理意义在于避免物流的浪费与不需要的酶的合成。避开终产物反馈调节作用的方法可分为两类：一类是改变培养环境条件来限制终产物在细胞内的积累；另一类是从遗传学上改造微生物，使之对终产物的反馈调节作用不敏感。

赖氨酸发酵，首先是出发菌株的选择，不同微生物的赖氨酸生物合成的调节机制是不同的。从高产赖氨酸菌种获得易难来看，应选择代谢调节机制比较简单的细菌作为出发菌株，如黄色短杆菌、谷氨酸棒杆菌和乳糖发酵短杆菌等。

出发菌株确定后，根据菌株特性，经诱变来选育赖氨酸产生菌。至今为止，所用的赖氨酸生产菌多数为谷氨酸产生菌的变异株，其赖氨酸合成途径都是经过 DAP（二氨基庚二酸）途径，在此途径中关键酶天冬氨酸激酶受赖氨酸和苏氨酸的协同反馈抑制，不利于进一步积累赖氨酸（见图 2-4）。利用诱变育种等方法，选育不能合成高丝氨酸脱氢酶的菌种用于赖氨酸生产。

分离这类突变株的最简便方法是，将经诱变处理过的野生型菌株涂布在含有末端代谢产物的结构类似物的琼脂平板上，培养一段时间之后，大多数

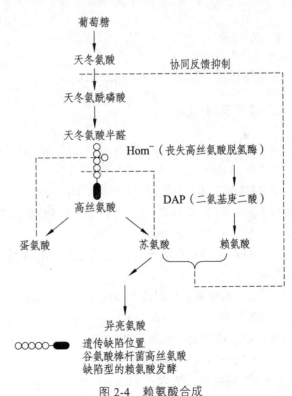

图 2-4　赖氨酸合成

细胞被饿死，而那些发生了抗性突变的菌株则形成菌落，从而得到不受末端代谢产物调节作用的突变株。

北京棒杆菌（*Corynebacteriun pekinense*）AS. 1.563 是生产赖氨酸菌种，为高丝氨酸缺陷型。通过 S-（2-氨基乙基）-L-半胱氨酸（AEC）加少量苏氨酸的选择性培养基平板，可筛选到抗反馈调节突变株。正常情况下，细胞中过量的末端代谢产物（如赖氨酸）会反馈抑制和阻遏参与其生物合成途径的酶。赖氨酸可用于蛋白质的合成，AEC 是赖氨酸的结构类似物，具有与赖氨酸一样的调节作用，但不能用于合成蛋白质。经诱变处理的出发菌株在含有 AEC 的培养基中培养时，由于绝大多数细胞不能合成赖氨酸而死亡；只有那些对 AEC 不敏感的抗性突变株能解除代谢末端（终）产物赖氨酸和苏氨酸的协同反馈调节，进而大量生成积累赖氨酸，并生成菌落。这些突变菌株中：（1）有可能是由于参与氨基酸合成的酶分子结构发生了变化，所以对 AEC 不敏感，即抗反馈抑制的突变株；（2）有可能是由于编码参与氨基酸合成酶操纵子的控制基因发生了突变，编码出没有活性的调节蛋白而对赖氨酸结构类似物（AEC）不敏感，即抗反馈阻遏的突变株。由于这些突变株的赖氨酸的合成失去控制，从而能大量地生产赖氨酸。

三、实验器材

1. 菌　种

北京棒杆菌（*Corynebacteriun pekinense*）。

2. 试剂及培养基

（1）肉汤培养基（g/L）：牛肉膏 5 g/L、蛋白胨 10 g/L、NaCl 5 g/L，pH 7.2～7.4，121 ℃灭菌 20 min。

（2）MM 培养基：葡萄糖 20 g/L、$K_2HPO_4\cdot2H_2O$ 11.9 g/L、$NaNH_4HPO_4\cdot4H_2O$ 3.5 g/L、硫酸铵 1 g/L、柠檬酸 H_2O 2 g/L、硫酸镁 7 H_2O 0.2 g/L 和琼脂 20 g/L（固体培养基），pH 7.2，121 ℃灭菌 20 min。

（3）AEC 溶液：称取 S-（2-氨基乙基）-L-半胱氨酸（AEC）配成 40 mg/mL 溶液，过滤除菌。

（4）苏氨酸溶液：配制含苏氨酸 5.1 g/L、蛋氨酸 1.2 g/L、异亮氨酸 4.9 mg/L 的混合溶液，过滤除菌。

（5）NTG 诱变剂：称取亚硝基胍 3-5 mg 于事先灭过菌且干燥的带盖离心管中。

（6）0.1 mol pH 8.0 磷酸缓冲液（PB 溶液）：0.1 mol/L 磷酸氢二钠溶液 5.3 mL，加入 0.1 mol/L 磷酸氢二钠溶液 94.7 mL。

（7）赖氨酸摇瓶发酵培养基（g/L）：葡萄糖 100 g/L、硫酸铵 20 g/L、K_2HPO_4 0.5 g/L、KH_2PO_4 0.5 g/L、硫酸镁·7 H_2O 0.25 g/L、水解酪素 3 g/L、生物素 30 μg/L 硫胺

素 200 μg/L，pH 7.2；碳酸钙 20 g/L（调 pH 后加入），121 ℃灭菌 20 min。

3. 主要仪器设备

高压蒸汽灭菌锅、超净工作台、恒温培养箱、离心机、0.22 μm 滤膜、平板等。

四、实验步骤

1. AEC 梯度平板的制作

将 MM 固体培养基熔化并冷却至 50 ℃，按每 9 mL 补加氨基酸溶液 1 mL，混匀倾注于斜置的无菌平板，制成不含 AEC 平板底层。

将熔化的 MM 固体培养基 8 mL，补加苏氨酸溶液 1 mL 及 AEC 溶液 1 mL 倾注于底层上，放平平板，待凝固，制成含 AEC 的梯度平板（图 2-5）。

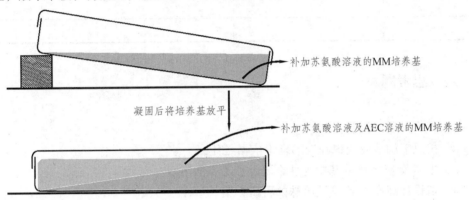

图 2-5　AEC 梯度平板的制作

2. NTG 诱变

将北京棒杆菌接种于 50 mL 肉汤培养基，30 ℃，120 r/min 振荡培养过夜。取此菌液 1 mL 加到 50 mL 肉汤培养基，30 ℃，120 r/min 振荡培养 5 h。离心收集菌体，并用 0.1 moL pH 8.0 磷酸缓冲液（PB 溶液）洗涤 2 次后，用 20 mL PB 溶液悬浮菌体。取 3 ~ 5 mL 悬浮菌体加到事先称好 NTG 的带盖离心管中，使 NTG 终浓度为 1 mg/mL，立即将离心管盖好，振荡使 NTG 晶体完全溶解。0 ℃诱变处理 30 min。

3. AEC 抗性菌落筛选

将诱变处理液 10 000 离心 5 min，弃去上清液，用液体 MM 培养基洗涤菌体 2 次。用 5 mL 液体 MM 培养基将菌体悬浮，取 0.1 mL 涂布于 AEC 梯度平板。30 ℃培养 2 ~ 7 d 后，挑取 AEC 梯度平板上的菌落，初筛为 AEC 抗性菌落。进一步在 AEC 平板上（浓度分别为 2.0 mg·mL^{-1}、4.0 mg·mL^{-1}、6.0 mg·mL^{-1}、8.0 mg·mL^{-1}）分别涂布抗性菌落，进行复筛鉴定。

将确定的 AEC 抗性菌落在发酵培养基中进行赖氨酸发酵实验并保存。

五、数据记录

表 2-7　实验记录

菌落编号	抗 AEC 最低浓度	赖氨酸产量/g·L^{-1}	正变率
1			
2			
3			
4			
5			
对照			

六、思考题

（1）什么是反馈调节？

（2）抗反馈调节突变株筛选的理论依据是什么？

（3）本实验 MM 培养基中为什么要补加苏氨酸溶液？

（4）请设计高产 L-赖氨酸菌株的科研方案。

实验七　大肠杆菌 β-半乳糖苷酶的诱导合成

一、实验目的

通过试验，观察大肠杆菌 β-半乳糖苷酶的诱导合成与阻遏现象，学习细菌 β-半乳糖苷酶活力的测定方法。

二、实验原理

酶的诱导合成是生物体内酶量调节的重要方式，凡是在有底物或者其结构类似物存在的时候才能大量合成的酶，称为诱导酶。大肠杆菌细胞内的 β-半乳糖苷酶是一类诱导酶，在其底物存在的情况下，可被诱导合成。这类现象称为酶的诱导合成。

本实验以大肠杆菌为对象，在他们生长的培养基当中加入不同碳源如甘油、葡萄糖、乳糖进行培养。培养过程中间隔一定时间取出培养液，分别测定细菌生长情况（菌浓度）以及细胞中 β-半乳糖苷酶活力，以观察乳糖的存在对 β-半乳糖苷酶诱导合成的现象。

以邻硝基苯-β-吡喃半乳糖苷（ONPG）作为反应系统的底物，经过酶作用后，释放出硝基酚（ONP）。后者呈黄色，在 420 nm 处有吸收峰，也可进行比色测定。酶活力越大，释放出的硝基酚越多，黄色越深。

三、实验器材

1. 菌　种

大肠杆菌。

2. 试剂及培养基

（1）基础培养基（MM 培养基）：甘油 0.25 %，硫酸铵 0.25 %，七水硫酸镁 0.025 %，七水硫酸亚铁 0.000 5 %，用 0.1 mol/L pH7.0 磷酸缓冲液溶解，灭菌。

（2）500 μmol/L 邻硝基酚标准液。

（3）25 %乳糖溶液，25 %葡萄糖溶液，灭菌。

（4）0.1 mol/L pH 7.0 磷酸缓冲液：0.1 mol/L 磷酸氢二钾溶液 610 mL，加入 0.1 mol/L 磷酸二氢钾溶液 390 mL。

（5）6 mmol/L 邻硝基苯-β-吡喃半乳糖苷（ONPG）溶液：邻硝基苯-β-吡喃半乳糖苷分子量为 301.25，用 0.1 mol/L pH7.0 磷酸缓冲液配制，总量为 3×100 mL。

（6）1 mol/L Na_2CO_3 溶液。

（7）甲苯。

3. 主要仪器设备

高压蒸汽灭菌锅、超净工作台、摇床、恒温水浴锅、分光光度计、涡旋混合器、吸管、试管等。

四、实验步骤

1. 准备大肠杆菌种子培养液

取基础培养基一瓶，接种大肠杆菌斜面菌种一环，37 ℃振荡培养 18 h。

2. 碳源的加入

取上述种子液，用无菌的 MM 培养基稀释至菌浓为 OD_{650} 为 0.2～0.4，（从现在开始不需无菌操作）取 38 mL 分别加入 150 mL 三角瓶中，编号 1、2，然后按照下面所述，于各瓶中加入不同碳源。

1 号瓶：0 时加入 25 %乳糖溶液 2 mL。
2 号瓶：0 时加入 25 %葡萄糖液 2 mL。

3. 酶的诱导产生

将上述两个三角瓶，置于恒温水浴中 37 ℃培养，不时振荡。从 0 时开始，每 20 min 取样，分别在 20 min、40 min、60 min、80 min、100 min、120 min 取样 2 mL 于标记好的玻璃试管中，玻璃试管预先滴加一滴甲苯预冷，取样后振荡，放于冰浴中，待所有样品取完后一起测定 β-半乳糖苷酶活力。

4. β-半乳糖苷酶活力测定

（1）样品的测定。

将上述取得样品于 30 ℃水浴中保温 10 min，偶尔轻摇，按顺序加入 ONPG 溶液 1 mL，摇匀。30 ℃恒温水浴 10 min，加入 3 mL 1mol/L 碳酸钠溶液终止反应（按加入 ONPG 的顺序加入碳酸钠）。取上述反应液于比色杯中，以 0 min 样为空白对照，测定 OD_{420}，测出值为 A 样。

（2）邻硝基酚标准溶液的比色。

空白对照管：取 0.1 mol/L 磷酸缓冲液 2 mL，加入一滴甲苯液，加 ONPG 溶液 1 mL，摇匀，30 ℃恒温浴 10 min，加入 3 mL 1mol/L 碳酸钠溶液，此为空白对照管。

标准管：另取 500 µmol/L 邻硝基酚标准液 2 mL，加入 1 滴甲苯，再加入 ONPG 溶液 1 mL，摇匀。30 ℃恒温水浴 10 min，加入 3 mL 1mol/L 碳酸钠溶液。取上述反应液于比色杯中，测定 OD_{420}（标准管）。

注意事项：

① 每次取样前应把准备工作做好，如准备好仪器、试剂、冰浴，试管贴好标签，试管内预先加入一滴甲苯，并置于冰浴中。

② 必须准确控制培养条件和培养取样时间，加试剂后必须振荡摇匀。

③ 水浴锅的温度必须有专人控制。

实验流程如图 2-6 所示。

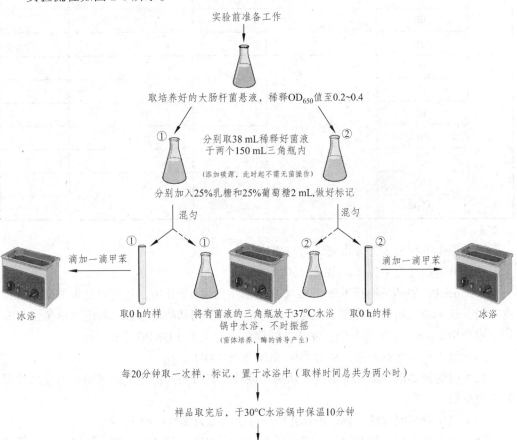

实验前准备工作

取培养好的大肠杆菌悬液，稀释OD_{650}值至0.2~0.4

① 分别取38 mL稀释好菌液 ② 于两个150 mL三角瓶内

（添加碳源，此时起不需无菌操作）

分别加入25%乳糖和25%葡萄糖2 mL,做好标记

混匀   混匀

① 滴加一滴甲苯   ① 取0 h的样   将有菌液的三角瓶放于37℃水浴锅中水浴，不时振摇   ② 取0 h的样   ② 滴加一滴甲苯

冰浴   （菌体培养，酶的诱导产生）   冰浴

每20分钟取一次样，标记，置于冰浴中（取样时间总共为两小时）

样品取完后，于30℃水浴锅中保温10分钟

按顺序加 1 mL ONPG反应10分钟后，再按加ONPG的顺序加入3 mL碳酸钠溶液结束反应，于分光光度计测定OD_{420}值，计算，绘图，写出实验报告

图 2-6　实验流程

五、结果与讨论

（1）将不同培养时间各培养瓶测得的每毫升菌液的 β-半乳糖苷酶活力单位填写到

表 2-8。

表 2-8　实验记录

组别	取样时间/min	菌液浓度 OD$_{650}$	OD$_{420}$值	酶活力/（u·mL^{-1}）	酶比活力
1	0				
	20				
	40				
	60				
	80				
	100				
	120				
2	0				
	20				
	40				
	60				
	80				
	100				
	120				

$A_{标} =$

（2）根据下列公式计算出酶活力与酶比活力：

每毫升菌液活力单位（μ/mL）= $A_{样}$*500/$A_{标}$*10

500 μmol/L 邻硝基酚标准液，30 ℃水浴锅中保温 10 分钟。也可以先做邻硝基酚标准曲线，从标准大肠杆菌曲线上查得酶反应产生的邻硝基酚量来计算酶活力单位。每分钟水解产生 1 μmol 邻硝基苯酚（ONP）的酶活力定义为 1 ONPG 单位。

酶比活力 = 每毫升菌液酶活力单位/菌液浓度（OD$_{650}$）

也可以先做邻硝基酚标准曲线，从标准曲线上查得酶反应产生的邻硝基酚量来计算酶活力单位。

（3）以培养时间为横坐标，β-半乳糖苷酶比活力为纵坐标绘图。

（4）对结果进行分析和讨论，说明什么情况下出现酶的诱导合成，用乳糖操纵子原理解释实验现象。

实验八　*E.colic* 中色氨酸生物合成途径

一、实验目的

了解 *E.colic* 中色氨酸的生物合成途径，掌握研究生物合成途径的一般方法。

二、实验原理

在大肠杆菌中色氨酸的生物合成途径如图 2-7 所示。在色氨酸操纵子中，有 5 个结构基因编码相应的酶，催化从分支酸到色氨酸的各步合成反应。由 *trp*E 编码的组分 1（ASaseI）蛋白没有活性，除非与 *trp*D 编码的组分 2 蛋白（磷酸核糖转移酶）结合并形成邻氨基苯甲酸合成酶。反应的第 1 步是由结构复杂的邻氨基苯甲酸合成酶催化，而第 2 步反应是由磷酸核糖转移酶催化。第 3、4 步反应都由 *trp*C 编码的复合酶所催化。第 5 步反应由 *trp*A 和 *trp*B 共同编码的色氨酸合成酶所催化。

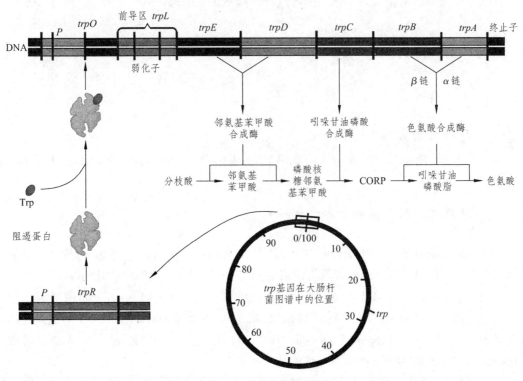

图 2-7　色氨酸操纵子

如果在色氨酸生物合成的某一中间代谢产物存在下能进行生长，而在该代谢物不存在的时候就不能生长，那么这一菌株一定具有转化该代谢产物为色氨酸的酶。同理可断定该突变株所缺失的酶一定在这一代谢产物之前。反之，若在这一代谢产物存在下还不能生长，则可以断定该突变株所缺失的酶一定在这一代谢产物之后。

本实验应用分别缺失这 5 个基因的突变株，它们分别缺失色氨酸生物合成途径中的不同酶。为简化起见，将色氨酸的生物合成途径以下列简式表示（式中 A、B、C、D 分别表示生物合成途径中的中间物，Ea、Eb、Ec、Ed、Ee 分别表示不同的酶）：

$$\text{前体} \xrightarrow{\text{Ea}} D \xrightarrow{\text{Eb}} C \xrightarrow{\text{Ec}} B \xrightarrow{\text{Ed}} A \xrightarrow{\text{Ee}} \text{色氨酸}$$

对于缺失 Ea 的突变株，在补加 D，C，B，A 或是色氨酸的基本培养基上都能生长。对于缺失 Eb 的突变株，在补加 D 的基本培养基是不能生长，而在补加 C，B，A 或是色氨酸的基本培养基上才能生长，如此类推。这就是营养缺陷型鉴别法。

微生物通过培养基相互提供养料而生长的现象称为互养。在上例中，不同的营养缺陷型菌株，如果将它们划线接种到最低生长的培养基上，会出现先后生长的互养现象。根据它们生长的先后顺序，可以推测出它们产生的突变位点顺序和酶促反应顺序。

根据营养缺陷型和互养实验的结果可以推测出很多氨基酸、核苷酸、维生素等的生物合成途径，而且对于更为复杂的生理过程的探索也有帮助。

三、实验器材

1. 菌　种

（1）野生型大肠杆菌：*E.coli* W；

（2）营养缺陷型大肠杆菌：*E.coli trp*A，*E.coli trp*B，*E.coli trp*C，*E.coli trp*D，*E.coli trp*E。

2. 培养基、缓冲液和试剂

（1）斜面培养基：蛋白胨 10 g，牛肉膏 5 g，酵母膏 5 g，氯化钠 5 g，琼脂 15 g，加水定容至 1 000 mL，用 1N 的氢氧化钠调至 pH 7.0～7.2，0.1 MPa 灭菌 15 min。

（2）基本培养基（MM）：葡萄糖 3 g，氯化铵 3 g，氯化钠 3 g，三水磷酸氢二钾 1.8 g，七水硫酸镁 0.3 g，氯化钙 0.03 g，琼脂 9 g，蒸馏水 600 mL，用 1N 的氢氧化钠调至 pH7.0～7.2，0.1 Mpa 灭菌 15 min。其中 600 mL 分装 6 只 250 mL 的三角瓶，每瓶 100 mL，其中 5 瓶用于下述的补充培养基。

（3）补充培养基（SM）：在上述 5 瓶 MM 中，分别补加下列成分，0.1 Mpa 灭菌 15 min。

SM1：补加 4 mmol/L 对氨基苯甲酸 1 mL。

SM2：补加 4 mmol/L 邻氨基苯甲酸 1 mL。

SM3：补加 4 mmol/L 吲哚 1 mL。

SM4：补加 4 mmol/L 色氨酸 1 mL。

SM5：补加 0.01%蛋白胨溶液 1 mL。

（4）0.85%氯化钠：6 mL，分装于 6 支试管中，每管 1 mL，0.1 Mpa 灭菌 15 min。

3. 主要器材

天平、高压蒸汽灭菌锅、超净工作台、培养箱、无菌培养皿 24 套。

四、操作步骤

1. 色氨酸营养缺陷型试验

（1）倒平板：取无菌 SM1、SM2、SM3、SM4、MM 各一瓶，沸水浴融化，待冷却至不烫手时，用无菌操作分别倒平板 4 只。皿底预先写上相应的培养基编号。

（2）准备菌液：取 37 ℃培养 18 h 的 *E.coli* W，*E.coli trp*A，*E.coli trp*B，*E.coli trp*C，*E.coli trp*D，*E.coli trp*E 新鲜菌斜面各 1 支，分别用接种环挑 1 环菌苔（注意不要把培养基带出），接于 1 mL 无菌生理盐水试管中，振荡使成菌悬液。

（3）划线接种：等平板凝固后，用接种环分别蘸取菌液，在平板的相应区域划线接种，重复划线 4 只平板。37 ℃培养 24 h 后观察结果。

2. 色氨酸突变株互养试验

（1）倒平板：取无菌 SM5 1 瓶，沸水浴融化。等冷却至不烫手时，用无菌操作倒平板 4 只。

（2）划线接种：待平板凝固后，在皿底做好记号（两条平行线间距离掌握在 4 mm 左右）。取 1（2）准备的 *E.coli trp*A，*E.coli trp*B，*E.coli trp*C，*E.coli trp*D，*E.coli trp*E 五株菌悬液按皿背的图示分别划线接种，重复划线 2 只平板。37 ℃培养 18 h，24 h，36 h，48 h，各观察一次生长情况（生长的先后，生长量的多少）。

五、结果记录

（1）色氨酸营养缺陷型试验结果。

将色氨酸营养缺陷型结果填于表 2-9 中，生长用"＋"表示，不生长用"－"表示。

表 2-9 不同色氨酸突变株对代谢中间物生长的反应

突变株	中间物				
	MM	SM1	SM2	SM3	SM4
E.coli					
*E.coli trp*A					
*E.coli trp*B					
*E.coli trp*C					
*E.coli trp*D					
*E.coli trp*E					

（2）色氨酸突变株互养试验结果。

将色氨酸突变株互养试验结果填于表 2-10 中，用"＋＋＋、＋＋、＋、－"分别表示"生长好、中度生长、生长差、不生长"。

（3）根据上述实验结果，排列出 *E.coli trp*A，*E.coli trp*B，*E.coli trp*C，*E.coli trp*D，*E.coli trp*E 各突变株所缺失的酶及其生物合成反应的顺序。

表 2-10　色氨酸突变株互养试验结果

	A B		A C		A D		A E		B C	
	*trp*A	*trp*B	*trp*A	*trp*C	*trp*A	*trp*D	*trp*A	*trp*E	*trp*B	*trp*C
18										
24										
36										
48										
	B D		B E		C D		C E		D E	
	*trp*B	*trp*D	*trp*B	*trp*E	*trp*C	*trp*D	*trp*C	*trp*E	*trp*D	*trp*E
18										
24										
36										
48										

六、注意事项

（1）本实验所使用的平板表面不能有冷凝水。

（2）蘸取菌悬液不可过多，以免菌液在平板上流淌，但接种量也不能太少。

（3）在互养实验中，要严格控制实验条件，观察生长情况要及时，如果蛋白胨过多或培养时间过长，可能使本来不应该生长的突变株表现为生长。此外，各菌株的接种量也应尽量保持一致。

七、思考题

（1）对氨基苯甲酸和邻氨基苯甲酸是否都是色氨酸合成途径中的中间物，如何从实验结果中看出？

（2）在互养实验中，为什么要在基本培养基中补加蛋白胨？加入蛋白胨量过多过少有什么影响？

（3）扼要阐述大肠杆菌中色氨酸的合成途径。

实验九　青霉素的发酵生产（综合性实验）

一、实验目的

通过产黄青霉产青霉素的发酵调控，了解微生物次级代谢与调节，掌握微生物培养、发酵、抗生素效价的生物测定等实验技术。

二、实验原理

青霉素有多种类型，他们的化学结构由母核 6-氨基青霉烷酸和侧链 R 组成。各型青霉素的差别在于侧链 R 结构不同。微生物的青霉素发酵最终产物是多种类型的青霉素混合物，如青霉素 G、X、F、K、V 等类型。随着发酵条件的变化，各类青霉素的比例和数量也会发生改变。当发酵培养基当中添加某种青霉素合成所需要的前体时，菌体趋向合成某一种青霉素。例如，添加苯乙酸，则生物合成的青霉素主要是青霉素 G（见图 2-8）。

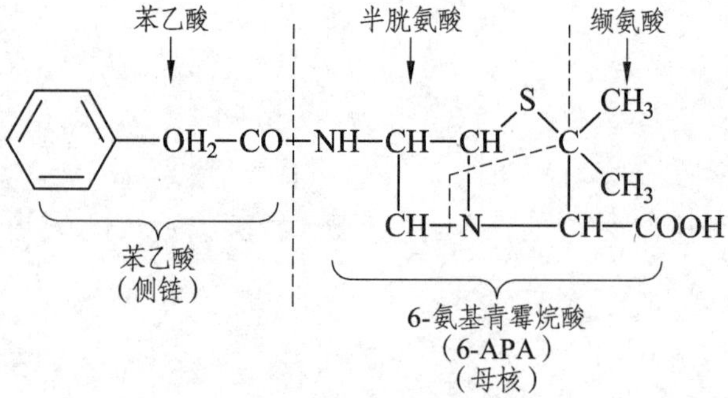

图 2-8　青霉素 G

本实验采用添加苯乙酸和不加苯乙酸两种培养基进行发酵对比试验，了解添加前体对青霉素产量的影响，另外通过向培养基中加入葡萄糖、磷酸盐，研究培养基的碳源种类、磷酸盐浓度对青霉素产量的影响。

本实验采用国际上最普遍应用的琼脂平板扩散法来测定青霉素效价。它是将规格一定的不锈钢小管置于带菌的琼脂平板上，管中加入被测液，在室温中扩散一定时间后放入恒温箱培养。在菌体生长的同时，被测液（抗生素）扩散到琼脂平板内，抑制周围菌体的生长或杀死周围菌体，从而产生不长菌的透明抑菌圈。在一定范围内，抗生素浓度的对数值与抑菌圈半径的平方值之间的关系是直线关系。

三、实验器材

1. 菌　种

（1）青霉素产生菌：产黄青霉（*Pentcillium chrysogenum*）；
（2）生物测定指示菌：金黄色葡萄球菌（*Staphyloco ccusauoreus*）。

2. 试剂及培养基

（1）发酵基础培养基：玉米粉 3.5%、麦麸粉 1%、乳糖 13%、硫酸铵 0.4%、碳酸钙 0.1%、磷酸二氢钾 0.03%、磷酸氢二钾 0.07%，pH 6.5。

（2）加苯乙酸培养基：发酵基础培养基中添加 1% 苯乙酸 1.5～2 mL，pH 6.5。

（3）加葡萄糖培养基：玉米粉 3.5%、麦麸粉 1%、葡萄糖 13%、硫酸铵 0.4%、碳酸钙 0.5%、磷酸二氢钾 0.03%、磷酸氢二钾 0.07%，pH 6.5。

（4）加磷酸盐培养基：玉米粉 3.5%、麦麸粉 1%、乳糖 13%、硫酸铵 0.4%、碳酸钙 0.5%、磷酸氢二钾 1.4%、磷酸二氢钾 0.6%，pH 6.5。

（5）生物检定培养基：牛肉膏蛋白胨液体培养基、牛肉膏蛋白胨琼脂培养基（配方：牛肉膏 3 g、蛋白胨 10 g、NaCl 5 g、琼脂 15-20 g、水 1 000 mL，pH 7.0～7.2）。

（6）豆芽汁葡萄糖培养基：黄豆芽 100 g、葡萄糖 5 g、水 1 000 mL，自然 pH。称新鲜黄豆芽 100 g，置于烧杯中，再加入 1 000 mL 水，小火煮沸 30 min，用纱布过滤，补足失水，即制成 10% 豆芽汁；按每 100 mL 10% 豆芽汁加入 5 g 葡萄糖，煮沸；分装、包扎；121 ℃灭菌 20 min。

（7）氨苄青霉素钠盐标准品：1 mg 青霉素 G 钠盐效价为 1 667 单位，即 1 667 U /mg。

3. 主要仪器设备

高压蒸汽灭菌锅、超净工作台、摇床、离心机、移液枪、枪头、培养皿、牛津杯、烧杯、离心管、试管、移液管等。

四、操作步骤

1. 培养基配制及灭菌

配制培养基灭菌备用，其中①～④培养基装量 50 mL/250 mL 三角瓶，牛肉膏蛋白胨琼脂培养基装量 200 mL/250 mL 三角瓶，豆芽汁葡萄糖培养基、牛肉膏蛋白胨液体培养基装量 100 mL/250 mL 三角瓶；枪头、培养皿、牛津杯、烧杯、离心管、试管、移液管等灭菌备用。

2. 接种与发酵

产黄青霉菌株活化，洗下孢子接至豆芽汁葡萄糖培养基，振荡培养 48 h，从种子液接种至上述①~④发酵培养基，接种量 7.5 %。200 r/min 振荡培养四天。第一天 26 ℃，第二天 24 ℃，第三天 20 ℃，第四天 24 ℃，每天观察发酵变化。

3. 敏感试验菌的准备

将金黄色葡萄球菌充分活化，接种至牛肉膏蛋白胨液体培养基摇床培养 16 h 以上，控制菌液浓度约 109 个/mL，或者用分光光度计测定，透光率为 20%（波长 650 nm）。

4. 青霉素 G 标准曲线的制作

（1）0.2 mol/L pH 6.0 磷酸缓冲液。

称取 1 g 磷酸氢二钾和 4 g 磷酸二氢钾，用蒸馏水溶解并定容至 500 mL，灭菌备用。其他所需玻璃仪器必须干燥灭菌。

（2）青霉素标准溶液的配制。

准确称取氨苄青霉素钠盐 15~20 mg（0.6 μg 为 1 个 U），用 pH 6.0 磷酸缓冲液溶解，使成 2 000 U/mL 的青霉素溶液。然后配制成 10 U/mL 青霉素标准工作液，按表 2-11 配成不同浓度的青霉素标准溶液。

表 2-11　青霉素标准溶液的配制

试管编号	10 U/mL 工作液（mL）	pH 6.0 磷酸缓冲液（mL）	青霉素含量（U/mL）
1	0.4	9.6	0.4
2	0.6	9.4	0.6
3	0.8	9.2	0.8
4	1.0	9.0	1.0
5	1.2	8.8	1.2
6	1.4	8.6	1.4

（3）标准曲线的绘制。

① 做双层平板：取无菌培养皿 18 套，每皿加入 20 mL 融化的牛肉膏蛋白胨琼脂培养基作为底层，凝固。将融化并冷却至 50~60 ℃的牛肉膏蛋白胨琼脂培养基（每 100 mL 加入 50%葡萄糖溶液 1 mL 和金黄色葡萄球菌培养液 3~5 mL）充分混匀，立即取 5 mL 均匀平铺在已凝固的底层培养基上，凝固成为上层培养基。

② 摆放牛津杯，加液：将双层平板底部划分成 6 等分，按照双碟底面标记位置均匀摆放牛津杯（从同一高度垂直放在菌层培养基上，不得下陷，不得倾斜），分别加入不同浓度的青霉素标准溶液各 0.2 mL，每一稀释度更换枪头，每个浓度三个重复（图 2-9）。

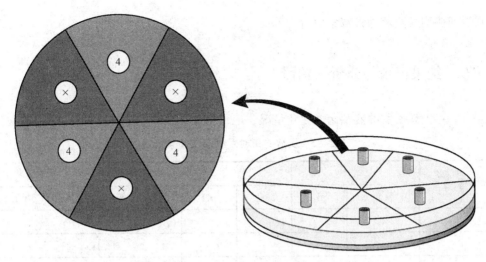

图 2-9　抗生素效价测定牛津杯摆放法

X：不同浓度（0.4 U /mL、0.6 U /mL、0.8 U /mL、1.2 U /mL、1.4 U /mL）青霉素标准溶液牛津杯摆放位置，也可以是待测样品摆放位置；4：1.0 U /mL 青霉素标准液牛津杯摆放位置。

③ 培养：双层平板于 37 ℃下静置培养 18～24 h。

④ 测量抑菌圈直径：取出平板，移去牛津杯，用游标卡尺测量抑菌圈直径。

⑤ 校正值：以 1 U/mL 的抑菌圈直径的总平均值来校正各组的 1 U/mL 的抑菌圈直径的平均值，求得各组的校正值。以校正值校正各剂量点的抑菌圈直径，即获得各组抑菌圈的校正值。例如，如果 6 组 1 U/m 标准品抑菌圈直径总平均值为 226 mm，而 0.4 U/mL 的一组中 9 个 1 U/mL 标准品抑菌圈直径平均为 22.4 mm，则其校正数为 22.6 - 22.4 = 0.2，如果 9 个 0.4 U/mL 标准品抑菌圈直径平均为 18.6 mm，则校正后应为 18.6 + 0.2 = 18.8 mm。

⑥ 绘制标准曲线：以青霉素浓度的对数值为纵坐标，以抑菌圈直径的校正值为横坐标，趋势线选项为对数，绘制标准曲线，显示公式。

4. 青霉素效价测定

（1）发酵液离心。

用酒精浸泡后的离心管分别装 4 种不同发酵液 10 mL，3 000 r/min 离心 15 min，上清液用于抗生素效价和 pH 测定，沉淀用于测菌体湿重。

（2）抗生素产量测定。

在双层平板皿底做好记号，将牛津杯放在培养基上，吸取离心后发酵液（如果青霉素浓度过高，需稀释）和青霉素标准溶液各 0.2 mL 滴入牛津杯，放置 37 ℃培养静置培养 18～24 h，测量抑菌圈直径。以青霉素标准液（1 U/mL）的抑菌圈直径进行校正，取得校正值；以此校正值校正待测样品的抑菌圈直径；在标准曲线上根据校正后的抑菌圈直径得到待测发酵液的青霉素效价。

五、结果记录与分析（拍照）

（1）每天观察发酵液及菌丝变化情况，记录发酵结束时发酵液及菌丝情况。

表 2-12　发酵结束时发酵液及菌丝情况

培养基编号	发酵前		发酵结束			
	颜色	pH	颜色	pH	菌丝形态	菌丝量/（g/mL）
1						
2						
3						
4						

（2）抗生素产量测定结果。

表 2-13　抗生素产量测定结果

培养基编号	抑菌圈大小/mm			平均值/mm	效价/U
1					
2					
3					
4					
标准品					

（3）前体添加时间和添加量对抗生素产量的影响。

表 2-14　前体添加时间和添加量对抗生素产量的影响

组别	前体添加时间	前体添加量/mL	抑菌圈大小/mm			平均值/mm	效价/U
1							
2							
3							
4							
5							
6							
7							
8							

六、思考题

（1）产黄青霉液体条件下培养的菌丝形态是怎样的？与哪些因素有关？

（2）分析添加苯乙酸对抗生素的形成有无影响？为什么？

（3）葡萄糖、磷酸盐浓度对抗生素的形成有何种影响？为什么？

（4）青霉素发酵过程中 pH 应该如何控制？

（5）青霉素抑制枯草芽孢杆菌生长的机理是什么？

实验十 四环素族抗生素定向发酵实验

一、实验目的

通过金色链丝菌在不同培养基中产生不同的产物，了解定向发酵的意义。另外通过实验更进一步学会根据抗生素生物合成的不同途径寻找各种抑制剂或促进剂，以调节某些酶的活性，从而改变代谢途径。

二、实验原理

1. 定向发酵

定向发酵是通过选择或控制发酵条件，使特定的微生物或生化反应发生，最终获得预期的发酵产物。金色链丝菌能同时产生四环素和金霉素，这两种抗生素在分子结构上只是在第七位上差一个氯离子。四环素族抗生素包括金霉素、四环素和土霉素，它们的化学结构极为相似，如图 1-10 所示。

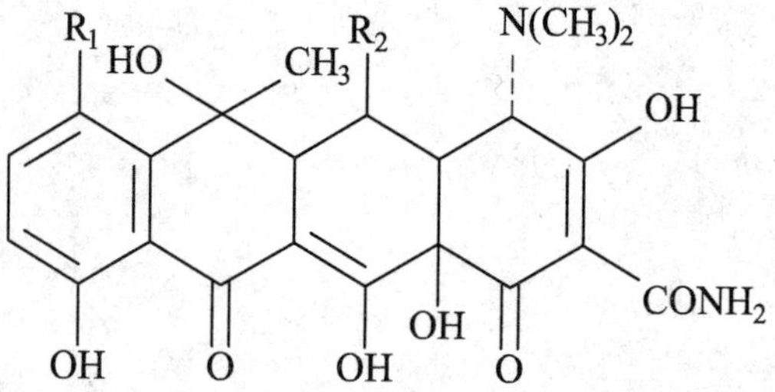

	R_1	R_2
土霉素	C_1	H
金霉素	H	OH
四环素	H	H

图 2-10 金霉素、四环素和土霉素化学结构

当 R_1 为 Cl，R_2 为 H 时分子为金霉素；当 R_1 和 R_2 都为 H 时为四环素；当 R_1 为 H，R_2 为 OH 时为土霉素（羟基四环素）。金霉素比四环素只多一个氯离子，只要在发酵液中加入某些物质，阻止氯离子进入四环素分子，从而使菌种产生较多的四环素。

从生物合成途径上可知四环素和金霉素有一段相同的生物合成途径，到某一个中间产物时，氯化酶活力的大小可能决定其合成途径的改变，所以我们设计从控制氯化酶的活性和氯化酶的量来影响菌种的代谢途径，从而得到不同的产物。本实验是通过改变培养基的组分，来实现定向发酵。我们从下面两个方面考虑：

（1）抑制氯化酶的活力。

利用硫醇基苯骈噻唑（M-促进剂）与氯化酶的激活剂——二价铜离子结合，降低铜离子的浓度，从而使氯化酶的活力下降。

（2）利用竞争性抑制剂来减少氯化产物。

本实验利用溴离子在生物合成中对氯离子有竞争性抑制作用的原理。

据研究四环素与金霉素有一共同的代谢分叉的中间体，此中间体进一步的代谢方向取决于不同酶活力的大小，其示意图如图 2-11 所示。

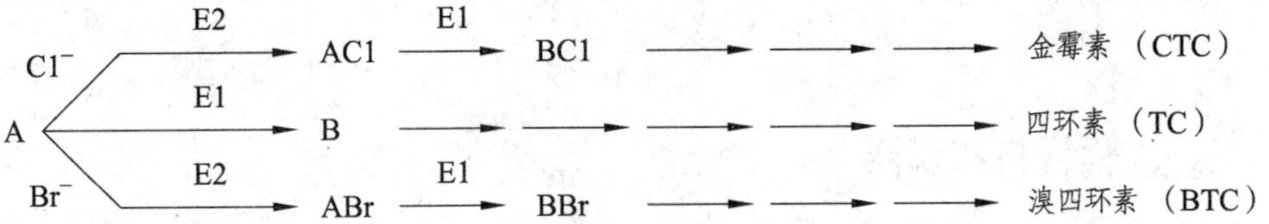

图 2-11　四环素和金霉素分叉代谢示意图

图 2-11 中 A 为四环素和金霉素的代谢分叉中间体，在此之前，四环素和金霉素的代谢途径相同，A 物质在 E1 酶的作用下生成 B 物质，它进一步代谢即生成四环素（TC）。A 物质在有氯离子存在时，在氯化酶 E2 的作用下生成 ACl，然后再在 E1 酶的作用下生成 BCl，再进一步反应即生成金霉素（CTC）。因此，A 物质究竟向哪个方向代谢，则取决于系统中氯离子与氯化酶存在的多少，现考虑加入溴化物作为竞争性抑制剂，因为氯化酶 E2 也可以催化溴化物的形成，在反应中也形成了一些溴四环素，但此反应速度较慢，整个反应还是形成较多四环素。此反应中随溴离子量的增加四环素量也有所增加，但随氯离子的增加四环素的量会减少。

2. 化学法测定四环素和金霉素的原理

实验利用比色法测定四环素和金霉素的效价。四环素和金霉素都能在酸性条件下加热生成黄色脱水四环素和脱水金霉素，其产生黄色的深浅与它们的含量多少成正比（见图 2-12）。所以通过反应比色即可知道二者的总含量，称其为总效价。

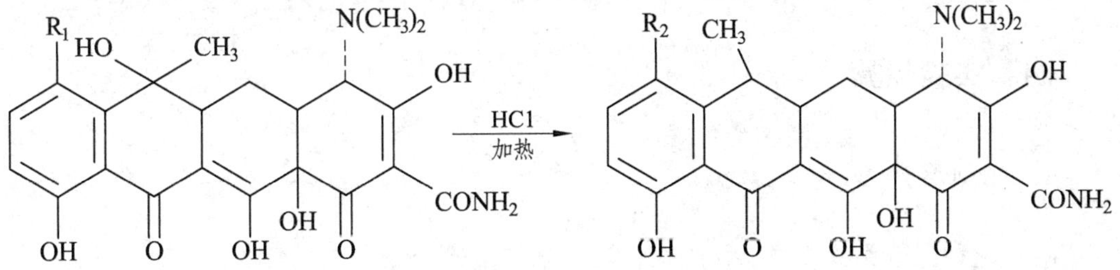

2-12　生成黄色脱水四环素和脱水金霉素

在碱性条件下，金霉素不稳定，可生成无色的异金霉素（图 2-13），而四环素则比较稳定。实验设计先在碱性条件下反应使金霉素变性，然后在酸性条件下使四环素加热生成黄色产物，比色测出的即为四环素的效价。将测出的总效价值减去四环素的效价值即为金霉素的效价。

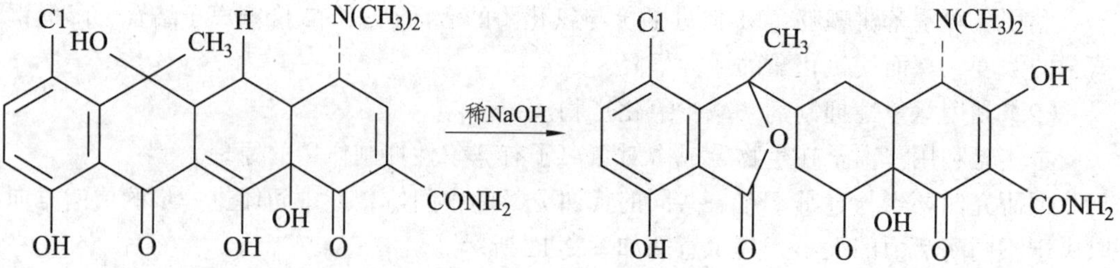

图 2-13　生成无色的异金霉素

三、实验材料和仪器

1. 菌　种

金色链丝菌（由实验室提供）。

2. 培养基及试剂

（1）斜面培养基配方：酵母提取物 4 g，麦芽提取物 10 g，葡萄糖 4 g，琼脂 15 g，蒸馏水 1 L，pH7.3。

（2）种子培养基配方：花生饼粉 2 %；淀粉 4 %；酵母粉 0.5 %；蛋白胨 0.5 %；硫酸铵 0.3 %；硫酸镁 0.025 %；磷酸二氢钾 0.025 %；碳酸钙 0.4 %；pH 自然。

（3）发酵培养基配方：花生饼粉 4 %；淀粉 10 %；酵母粉 0.2 %；蛋白胨 1.4 %；硫酸铵 0.25 %；硫酸镁 0.25 %；α- 淀粉酶 0.02 %；碳酸钙 0.5 %；pH 自然。

（4）EDTA 试剂：取乙二胺四乙酸二钠盐 4.5 g，NaOH 5.5 克溶解于 5 000 mL 蒸馏水中。

固体草酸、乙二胺四乙酸二钠盐（EDTA）混合试剂、4 N 盐酸、分光光度计。

四、实验步骤

1. 配制培养基

（1）配种子培养基。

（2）配发酵培养基：先将所需淀粉糊化后冷却至 60 ℃左右，加入 α- 淀粉酶。在 60 ℃水浴中保温 10～20 min 待淀粉液化后再把其他成分放入。将配好的发酵培养基 2 000 mL 分成四份，每份 500 mL，分别编号 1 #、2 #、3 #、4 #。1 # 对照（即为上述培养基），2 # 加入 0.3%溴化钠，3 # 加入 0.3%氯化钾，4 # 加入 0.3%溴化钠和 0.001 5% M-促进剂（M-促进剂的原始浓度为 0.05%）。将以上培养基分装入 250 mL 三角瓶，每瓶 50 mL，做好标记、包扎，高压蒸汽灭菌。

2. 接种发酵

种子长好后（不染菌、种子液较黏稠、菌丝粗壮）接入发酵培养基，接种量为 10 %。再放入摇床转速 220 ~ 230 r/min，28 ℃培养 5 天。

3. 放　瓶

记录终止发酵时间、摇床转速、摇床温度，摇瓶从摇床上拿下来后进行下列参数的测试与观察：pH、颜色、黏度、气味及过滤速度等实验数据。

4. 标准曲线绘制

（1）标准溶液配制：精确称取四环素标准品，若干毫克溶于 50 mL 容量瓶中，用蒸馏水稀释至刻度，配制成四环素标准溶液，使溶液浓度为 1 000 U/mL 左右。

（2）标准曲线绘制：分别吸取上述标准溶液，1.0 mL，0.8 mL，0.6 mL，0.4 mL，0.2 mL 于 50 mL 容量瓶中，加 EDTA 混合试剂 11 mL，放置 5 min 后，再加 2.0 mol/L HCL 4 mL。与此同时，另外做 5 只空白样品，操作方法相同，然后将空白样品直接用蒸馏水稀释至刻度，而样品放在沸水中加热 5 min，冷却后，测定的吸光度 A440 为纵坐标，作标准曲线。

5. 效价测定

（1）过滤：摇瓶放瓶后用固体草酸调 pH 至 1.5 ~ 2.0，调 pH 过程中要充分摇匀，避免过酸，用 5 000 r/min 离心 5 min，取其上清液，用滤纸过滤得滤液。

（2）四环素效价测定：取滤液 0.3 ~ 0.5 mL（视效价高低而定）放入 50 mL 比色管中→加入 EDTA 混合试剂（含 NaOH）11 mL→放置 5 min→加 2 mol/L 盐酸 4 mL→煮沸 5 min→迅速冷却后，用蒸馏水稀释至刻度→用分光光度计上 440 nm 波长下比色，测得光密度值后查标准曲线即可得四环素的效价。

四个样品均按上法测试，每个样品均需单独做对照，对照做法同上只是取消加热直接稀释，比色时一一对应。

（3）总效价的测定。

取滤液 0.3 ~ 0.5 mL 加入 50 mL 比色管中→加入蒸馏水 11 mL→加入 2 mol/L 盐酸 4 mL→煮沸 5 min→迅速冷却后稀释至 50 mL→用 440 nm 波长下比色，所得光密度 OD 值查标准曲线即得各样品的总效价，各样品也要作对照。方法同上只是不加热直接稀释。

五、数据记录与计算

表 2-15 实验数据记录

发酵时间：　　　　天，摇床转速：　　　　r/min，摇床温度：　　　℃

现象结果	培养基			
	1#对照	2#（溴化钠）	3#（氯化钾）	4#（促进剂）
发酵液黏度				
颜色				
气味				
四环素效价测定光密度值				
总效价测定光密度值				

四环素效价标准曲线：

将四环素效价和总效价的光密度值分别带入四环素效价标准曲线和总效价标准曲线方程。

表 2-16 实验数据记录

效价	培养基			
	1#对照	2#（溴化钠）	3#（氯化钾）	4#（促进剂）
四环素效价				
总效价				
金霉素效价				

六、思考题

（1）化学法测定四环素和金霉素的原理是什么？

（2）用固体草酸调 pH 的作用是什么？

（3）实验中要减少误差应注意哪些操作？

实验十一　谷氨酸的代谢调控发酵

一、实验目的

（1）了解和掌握发酵工业菌种的制备工艺和质量控制及扩大培养；

（2）了解和掌握通风搅拌发酵罐的构造及空消；

（3）了解和掌握谷氨酸的代谢调控发酵；

（4）了解和掌握谷氨酸发酵的中间分析和过程控制；

（5）了解和掌握谷氨酸的提取方法。

二、实验原理

谷氨酸是生物体内一种重要的有机小分子，其钠盐——谷氨酸钠是味精等调味品的主要成分。目前在氨基酸发酵中，谷氨酸是产量最大的种类之一。在谷氨酸棒状杆菌代谢过程中，由于存在酶活性的调节机制，而使谷氨酸的产量难以提高（见图 2-14）。目前提高谷氨酸产量的做法通常是提高细胞膜的通透性，从而使谷氨酸能迅速排放到细胞外，解除谷氨酸对谷氨酸脱氢酶的抑制作用。谷氨酸发酵生产过程中，需要添加氨水，它不仅是谷氨酸棒状杆菌生长所需的氮源，而且起到调节培养液 pH 值的作用。

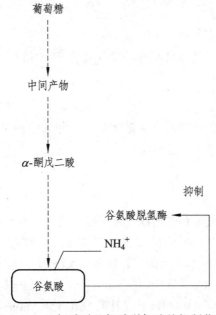

图 2-14　谷氨酸对谷氨酸脱氢酶的抑制作用

谷氨酸的分离提取通常利用其两性电解质的性质、谷氨酸的溶解度、分子大小、吸附剂的作用、谷氨酸的成盐作用等。而等电点法是谷氨酸的分离提取方法中最简单和应用最广泛的一种提取工艺。

三、实验材料和仪器

1. 菌　种

北京棒杆菌（AS1299）。

2. 培养基

（1）斜面培养基各组分的量（g/L）：葡萄糖 1、蛋白胨 10、牛肉膏 10、NaCl 5、琼脂 20。pH7.2，121 ℃灭菌 20 min。

（2）种子培养基各组分的量（g/L）：葡萄糖 25、玉米浆 25、尿素 5、KH_2PO_4 1、$MgSO_4 \cdot 7H_2O$ 0.4、$MnSO_4$ 0.02、$FeSO_4 \cdot 7H_2O$ 0.02。pH 6.8，121 ℃灭菌 20 min。

（3）发酵培养基各组分的量（g/L）：葡萄糖 160、玉米浆 5、尿素 8、KH_2PO_4 1.5、$MgSO_4 \cdot 7H_2O$ 0.5、$MnSO_4$ 0.02、$FeSO_4 \cdot 7H_2O$ 0.02、消泡剂 1。pH 7.0。

四、实验步骤

1. 菌种活化

将保藏菌种划线接种于斜面培养基，32 ℃培养 24 ~ 32 h。

2. 种子培养

将上述培养好的斜面菌种挑起一环菌体接入 100 mL 种子培养基中，在 32 ℃下，100 r/min 摇床培养至对数生长中后期。

3. 发酵罐培养

（1）空气过滤器及空气管路的消毒、发酵罐空消、电极校正。

（2）发酵罐中加入已调配好的发酵培养基后，121 ℃灭菌 15 ~ 20 min；配制 0.1 mol/L 液氨，装入补料瓶单独灭菌。补料瓶与发酵罐连接好。

（3）发酵罐冷却至 32 ℃，将培养好的摇瓶种子接入发酵罐（接种量 1% ~ 2 %），进行发酵。发酵条件为：罐压 0.05 MPa，搅拌转数在 150 r/min；初始温度 32 ℃每隔 5 ~ 6 h 升 1 ℃，结束时达 40 ℃。开动蠕动泵滴加 0.1 mol/L 氨液，控制培养液 pH，前期为

pH7.0，8 h 后上升至 pH 7.2 ~ 7.3，16 h 后一直保持 pH 7.1，后期稍降，放罐时 pH 6.5 ~ 6.6。通过调节风量和搅拌转数控制溶氧浓度在 10%左右。当残糖降至 3.5%以下时，第一次降风至 1：0.2，残糖降至 2.5%以下时，第二次降风至 1：0.13，第三次降风至 1：0.09，直至发酵结束。发酵周期一般为 30 h。

4. 过程监控

0 小时测定总糖、还原糖，然后每隔 4 h 取样测定培养液中葡萄糖浓度、菌体量和谷氨酸浓度。取样口用蒸气消毒。生物量的测定方法有比浊法和直接称重法等。比浊法以空白培养基为对照，在 620 nm 处测定发酵液的 OD 值。残糖和谷氨酸测定采用 SBA-40A 型葡萄糖-谷氨酸分析仪。

5. 谷氨酸的等电回收

将发酵液冷却至 25 ~ 30 ℃。用盐酸调节 pH，pH 到达 4.5 时，放慢加酸速度，观察到有晶核形成时，停止加酸，搅拌育晶 2 ~ 4 h。继续缓慢加酸，耗时 4 ~ 6 h，调 pH 到 3.0 ~ 3.2，停酸搅拌 2 h 后，开大冷却水降温，使温度尽可能降低。到等电点后继续搅拌 16 h 以上，停搅拌静置沉淀 4 h。关闭冷却水，取出底部谷氨酸，离心甩干，水洗谷氨酸结晶。

五、数据记录与处理

（1）以时间为横坐标，分别以生物量、葡萄糖浓度、谷氨酸含量为纵坐标绘制发酵曲线。
（2）计算糖酸转化率（%）。糖量包括种子培养时投入的糖量。

六、思考题

（1）生物素在菌体的代谢中有何作用？
（2）发酵过程的 pH 值是如何变化的，应该采取什么方法调控？
（3）发酵过程何时终止？

第三章　生物发酵实验

>>> 实验一　酿酒酵母发酵法生产谷胱甘肽

一、实验目的

掌握运用小型发酵罐生产谷胱甘肽的工艺流程，掌握实验室常见发酵设备工作原理使用步骤及注意事项，掌握发酵过程中重要发酵参数的检测方法，具有初步的发酵工程实验设计、动手操作和解决问题能力，初步具有一定的实验数据分析能力。

二、实验原理

谷胱甘肽（glutathione）是由谷氨酸、半胱氨酸和甘氨酸结合而成的三肽化合物，化学名 γ-谷氯酰-L 半胱氨酸-L 甘氨酸。谷胱甘肽有还原型[GSH，结构式如图 3-1（a）所示]和氧化型[GS-SG，结构式如图 3-1（b）所示]两种形式，谷胱甘肽还原酶催化两型间的互变，该酶的辅酶为磷酸糖旁路代谢提供的 NADPH。谷胱甘肽一般占野生型酵母细胞干重的 0.1%~1%，细胞内 GSH 与 GS-SG 比值为（30~100）：1。谷胱甘肽在食品、医药、保健品、化妆品工业中均有广泛的应用。

谷胱甘肽的生产方法主要有萃取法、化学合成法、发酵法和酶法等。微生物发酵法是以糖类为原料，利用特定微生物体内的物质代谢将糖类转化为谷胱甘肽的方法。由于生物发酵生产谷胱甘肽与早期萃取法、化学合成法相比具有明显的优越性，如反应条件温和、反应步骤简单、成本低、转化效率高、生产速率快等，是今后生产谷胱甘肽的主要趋势，因此越来越受到科学家们的青睐，目前已成为生产谷胱甘肽的主要方法。工业化发酵法生产谷胱甘肽所采用的微生物通常是 *Candida utilis* 与 *Saccharomyces cerevisiae*。基因工程大肠杆菌谷胱甘肽的产量一般比酵母菌高，但其生产技术难度较大。

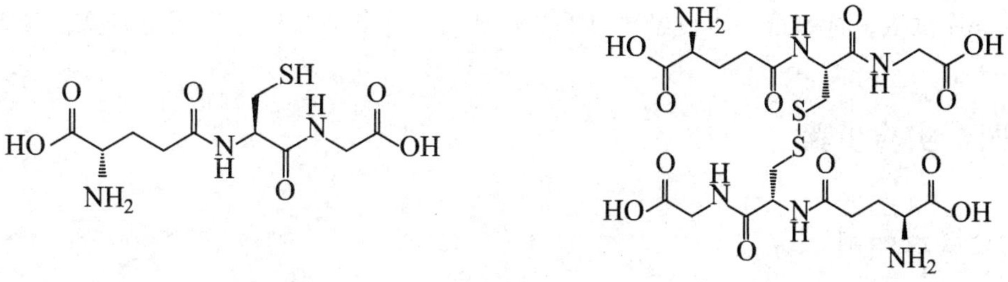

（a）　　　　　　　　　（b）

图 3-1　谷胱甘肽结构式

GSH 生物合成和代谢的开拓性研究是由 Meister 和 Anderson 完成的，研究表明，微生物细胞中的 γ-L-谷氨酰-L-半胱甘酸合成酶（GSH-I）和 γ-L-谷氨酰-L 半胱甘酰甘氨酸合成酶（GSH-Ⅱ）在适宜环境下催化谷氨酸、半胱氨酸和甘氨酸形成 GSH，其过程如图 3-2 所示。

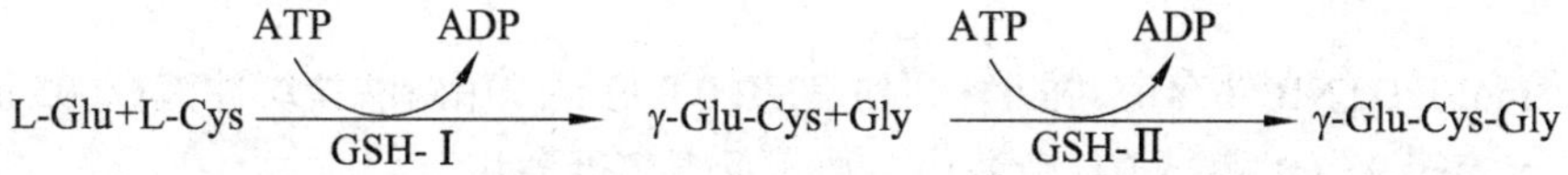

图 3-2　谷胱甘肽的合成过程

三、实验材料及主要药品、器具

1. 菌　株

酿酒酵母（*Saccharomyces cereuisiae*）。

2. 试　剂

3，5-二硝基水杨酸、氢氧化钠、酒石酸钾钠、苯酚、亚硫酸钠、磷酸氢二钾、硫酸镁、胰蛋白胨、葡萄糖、还原型谷胱甘肽（GSH）、磷酸氢二钠、磷酸二氢钠、三甲基氨基甲烷（Tris）、盐酸、甲醛、5，5′-二硫代双（2-硝基苯甲酸）（DTNB）、氯化钾、乙醇。

3. 设　备

上海保兴小型发酵罐、灭菌锅、旋涡混合器、可见分光光度计、超净台、生物传感分析仪 SBA40C、电子天平、电子分析天平、烘箱、冷冻离心机、普通离心机、恒温摇床、恒温培养箱、恒温水浴锅、pH 计、电磁炉。

4. 用　具

称量纸、烧杯、试剂瓶、容量瓶、止水夹、移液器、量筒、空气过滤器、玻璃棒、药匙、pH 试纸、标签纸、牛皮纸、纱布、脱脂棉、不锈钢锅、小试管、具塞试管等。

四、实验步骤

1. 溶液配制

200 mg/L GSH 标准溶液：分析天平准确称量谷胱甘肽 10 mg，用蒸馏水溶解后定容至 50 mL，摇匀，-80 ℃保存。

0.05 mol/L pH 7.0 磷酸盐缓冲液：取 610 mL 0.05mol/L 磷酸氢二钠溶液与 390 mL 0.05 mol/L 磷酸二氢钠溶液混合搅拌均匀，pH 计校正后使用。

0.25 mol/L pH8.0 Tris-HCl 缓冲液：准确称量 Tris 固体 7.571 2 g 加入 220 mL 蒸馏水溶解，缓慢滴加浓盐酸，直至溶液 pH 为 8.0，用蒸馏水定容至 250 mL，瓶盖密封好后保存。

0.01 mol/L DTNB 储存液：准确称取 DTNB 0.099 1 g，用磷酸盐缓冲液（0.05 mol/L，pH 7.0）定容至 25 mL，存于棕色瓶中，放于低温暗处备用。

DTNB 分析液：DTNB 储存液与 Tris-HCl 缓冲液（0.25 mol/L，pH8.0）以体积比 1：100 混合配制而成，使用前临时配制。

3%甲醛溶液：移液管吸取甲醛 1.5 mL，加入 48.5 mL 蒸馏水，混匀后用稀 NaOH 溶液调节 pH = 8.0。

1 g/L 葡萄糖标准溶液：分析天平准确称取 100 mg，预先在 105 ℃干燥至恒重的分析纯葡萄糖，用少量蒸馏水溶解后定容至 100 mL，保存于冰箱中备用。

3，5-二硝基水杨酸（DNS）溶液：精确称取 3，5-二硝基水杨酸固体 3.15 g 加蒸馏水 500 mL 搅拌溶解，水浴至 45 ℃，加入 20 g 氢氧化钠直至完全溶解，再逐步加入酒石酸钾钠 91 g，苯酚 2.50 g，亚硫酸钠 2.50 g，搅拌至完全溶解，冷却到室温，定容至 1 L，过滤，取过滤液储存于棕色瓶，避光保存。

YEPD 斜面培养基：称琼脂 20 g 加入 800 mL 蒸馏水小火缓慢热至琼脂完全溶化，加入葡萄糖 20 g，蛋白胨 20 g，酵母膏 10 g，搅拌至其完全溶解。稍冷却后再补足水分至 1 L，分装试管加棉塞、牛皮纸包扎后于 121 ℃灭菌 15 min。趁热摆放斜面，直至斜面凝固冷却后贮存备用。

220 g/L 葡萄糖溶液：称取葡萄糖 220 g，用蒸馏水溶解后定容至 1 L，121 ℃灭菌 15 min。

95 g/L 胰蛋白胨溶液：称胰蛋白胨 95 g 用蒸馏水溶解定容至 1 L，现用现配。

无机盐溶液（g/L）：磷酸氢二钠 2.5，磷酸二氢钾 22.5，硫酸镁 3.75，乙酸铵 3.75，现用现配。

【注意事项】

① 先计算好实验所需试剂量，再进行称量。

② DTNB 试剂需要现用现配。

③ 甲醛调节 pH 时，要逐滴加入氢氧化钠以免滴过量。

④ DNS 溶液室温下存放 7 d 后可以使用，有效期为 6 个月。

2. YEPD 斜面活化

将保存于 4 ℃的酿酒酵母在超净台上通过接种环画线接入 YEPD 斜面培养基，30 ℃，培养 36 h 左右，待斜面上长满乳白色菌体即可用。

3. 种子培养基配制、灭菌、接种和培养

种子培养基配制与灭菌：取胰蛋白胨溶液 20 mL 和无机盐溶液 10 mL 加入 250 mL 三角瓶，加棉塞包扎后 121 ℃灭菌 15 min。在超净台中加入 20 mL 已灭菌的葡萄糖溶液，即为种子培养基。

种子培养基接种和培养：从 YEPD 斜面上刮取 1 环新鲜菌体转移至种子培养基，然后放于摇床 30 ℃，150 r/min 培养 20 h 左右。

【注意事项】

① 超净台内规范操作，以免种子染菌。

② 按使用说明规范使用灭菌锅。

4. 发酵罐内酿酒酵母发酵生产谷胱甘肽

首先检查发酵罐各个部件是否正常，然后向罐体内加入胰蛋白胨溶液 1.2 L，无机盐 0.6 L，各部件校正、安装、包扎好后将发酵罐及管路放入灭菌锅内于 121 ℃灭菌 15 ~ 20 min。灭菌结束后待灭菌锅内温度降至 90 ℃以下，打开灭菌锅，等几分钟后取出发酵罐。开启无菌空气、冷却水和搅拌浆。待发酵罐温度冷却至 30 ℃时，采用火焰接种法先将灭菌的 1.2 L 葡萄糖溶液加入发酵罐，然后以 3.22%接种量加入种子液。设定发酵条件为：转速 180 r/min，发酵温度 30 ℃，通气量 3 L/min，发酵 36 ~ 48 h。

【注意事项】

① 灭菌结束不要将发酵罐立即取出，以免罐体内外温差过大，发生破裂。

② 先通气再松开进气管夹子，以免发生倒吸，污染微孔滤膜。

③ 火焰接种时动作要迅速、准确。

④ 接种结束后注意清理发酵罐四周和台面卫生。

5. 发酵罐取样、放料和清洗

发酵取样：将出气管封闭，打开出料胶管，发酵液将自动流出，取样结束后，用夹子及时封闭取样胶管。

放料：发酵结束后依次关闭搅拌浆、进气阀、检测电极和电源开关，小心卸下 pH 电

极、溶氧电极、温度探头妥善保存，卸下进出水管和空气管；卸下罐盖上的螺丝，小心地将罐盖慢慢向上提起，不要碰到玻璃内壁，将发酵液倒出，清洗发酵罐，最后检查电源是否关闭；清理发酵罐附件的卫生，并做好使用记录。

清洗：及时用柔软的棉布和自来水清洗发酵罐。

【注意事项】

① 溶氧电极应保存在随机器赠送的专门保护液，pH 电极放于氯化钾保护液，温度电极装于盒子中以免弯曲或碰坏。

② 用柔软的棉布和自来水清洗发酵罐罐体，禁止用钢丝球或毛刷清洗玻璃罐体。

③ 发酵罐底部有轴承，不能用硬物体碰到，所有部件应轻拿轻放以免造成部件变形；清洗结束后将罐体、罐盖、轴放在平稳洁净的位置晾干，并重新组装好。

6. 葡萄糖标准曲线与谷胱甘肽标准曲线的测定

葡萄糖标准曲线的测定（DNS 法）：取 7 支具塞刻度试管，分别按表 3-1 的顺序加入葡萄糖标准溶液、蒸馏水和 DNS 溶液。将上述各试剂依次混匀后，在沸水浴中加热 5 min，立即用流动冷水冷却，然后每支试管加蒸馏水至 20 mL 刻度线，充分混匀后，用 1 号管溶液调零，在 540 nm 波长下测 2-7 号管溶液的吸光值。以葡萄糖浓度（g/L）为横坐标，吸光值为纵坐标，绘葡萄糖标准曲线。

谷胱甘肽标准曲线的测定（DTNB 法）：移液器分别量取不同体积的 GSH 标准溶液（表 3-2）转移至 20 mL 具塞试管，并用蒸馏水补足至 0.5 mL，加入 1.5 mL Tris-HCl 缓冲液摇匀，加入 0.5 mL 甲醛溶液摇匀静置 2 min。最后加入 2.5 mL DTNB 分析液摇匀，30 ℃水浴 5 min。以 1 号管校正零点，于 412 nm 处测定吸光值，以 GSH 浓度（mg/L）为横坐标，吸光值为纵坐标绘 GSH 标准曲线方程。

【注意事项】

显色结束后待测溶液吸光值测定时间不应大于 20 min。

7. 分析方法

（1）菌体量测定：将 5 mL 发酵液在冷冻离心机中以 5 000 r/min、离心 10 min 后移除上清液，用生理盐水洗涤菌体两次后丢弃上清，置于烘箱内 108 ℃烘至恒重，以计算细胞干重（g/L）。

（2）pH 的测定：用 pH 计分别测定不接种培养基、种子液和发酵液 pH。

（3）种子液形态和气味观察：

形态：对照不接种培养基，仔细观察种子液的外观颜色，并记录。

气味：打开棉塞，嗅一下种子液的味道，并记录。

（4）发酵液内葡萄糖浓度测定：发酵液经离心后收集上清，采用 DNS 法测定葡萄糖浓度（或采用生物传感分析仪测定）。

（5）发酵产物测定：精确称取湿菌体 0.5 g 置于具塞试管中，加入 15 mL 蒸馏水，沸水浴 9 min 后冰水浴快速冷却，普通离心机中 10 000 r/min 离心 5 min，取上清即得 GSH 提取液。上清液经蒸馏水适当稀释后，用 DTNB 法测定 GSH 浓度，计算谷胱甘肽产量（mg/L）。

五、实验结果

（1）葡萄糖标准曲线的测定与葡萄糖标准曲线绘制（见表 3-1）

表 3-1 葡萄糖标准曲线的测定

管号	1	2	3	4	5	6	7
葡萄糖标准溶液/mL	0	0.1	0.2	0.4	0.6	0.8	1.0
蒸馏水/mL	1	0.9	0.8	0.6	0.4	0.2	0
DNS 溶液/mL	2	2	2	2	2	2	2
葡萄糖浓度/（g/L）	0	0.1	0.2	0.4	0.6	0.8	1
A_{540}							

（2）谷胱甘肽标准曲线的测定与谷胱甘肽标准曲线绘制（见表 3-2）。

表 3-2 谷胱甘肽标准曲线的测定

管号	1	2	3	4	5	6
蒸馏水/mL	0.5	0.4	0.3	0.2	0.1	0
GSH 标准溶液/mL	0	0.1	0.2	0.3	0.4	0.5
Tris-HCl 缓冲液/mL	1.5	1.5	1.5	1.5	1.5	1.5
甲醛溶液/mL	0.5	0.5	0.5	0.5	0.5	0.5
DTNB 分析液/mL	2.5	2.5	2.5	2.5	2.5	2.5
GSH/（mg/L）	0	40	80	120	160	200
A_{412}						

（3）谷胱甘肽发酵结果（见表 3-3）。

表 3-3 谷胱甘肽发酵实验结果

名称	空白培养基	种子液	发酵液
pH			
OD_{600nm}			
细胞干重/（g/L）			
A_{540nm}			
葡萄糖浓度/（g/L）			
A_{412nm}			
谷胱甘肽/（mg/L）			

六、思考题

（1）简述本实验中葡萄糖为何单独灭菌。

（2）简述影响 DTNB 法测定谷胱甘肽的因素有哪些。

（3）简述种子扩大培养的目的和实验室种子扩大培养的方式。

实验二 重组大肠杆菌发酵生产 β-木糖苷酶

一、实验目的

学习和掌握大肠杆菌等原核生物高密度培养和表达的基本原理，掌握发酵过程中重要发酵参数的检测方法，掌握重组大肠杆菌发酵生产 β-木糖苷酶的工艺流程，具有初步的发酵工程实验设计、动手操作和解决问题能力，初步具有一定的实验数据分析能力。

二、实验原理

β-木糖苷酶（EC3.2.1.37）是木聚糖降解酶系的一种，主要催化水解木糖苷和以外切方式从非还原性末端水解聚合度较低的木寡糖（木二糖或木三糖）为木糖；同时，β-木糖苷酶还可以作用于甾体和萜类等甙元与木糖形成的糖苷键，释放出甙元。目前，包括 β-木糖苷酶在内的木聚糖酶系已广泛应用于包括食品、药品、造纸、能源等多个领域。

β-木糖苷酶在自然界中分布广泛，目前已从细菌、放线菌和真菌等微生物中分离得到。大多数细菌和真菌只产生一种 β-木糖苷酶，如 *Bacillus thermantarcticus*、*Aspergillus carbonari-us*、*Aureobasidium* 等均只分泌一种 β-木糖苷酶。根据 β-木糖苷酶分泌部位的不同，β-木糖苷酶可分为胞内型、胞外型以及膜结合型三种，另外，同种菌株还会随着生长机制及培养条件的不同而有所变化。

目前所报道的 β-木糖苷酶多数为胞内酶，且天然微生物所分泌的酶存在纯化过程复杂等问题。因此，利用基因工程手段获得高产的 β-木糖苷酶工程菌株是解决上述问题的一个途径。

三、实验材料及主要药品、器具

1. 菌 株

重组大肠杆菌（含有 β-木糖苷酶基因）。

2. 药 品

酵母提取物、胰蛋白胨、氯化钠、甘油、卡那霉素、对硝基苯酚-β-D-木糖苷（pNPX）、牛血清蛋白、磷酸、乙醇、考马斯亮蓝 G250、磷酸氢二钠、磷酸二氢钠、Tris、盐酸、氢氧化钠、蔗糖、琼脂粉、乳糖。

3. 仪　器

超低温冰箱、保兴小型发酵罐、灭菌锅、旋涡混合器、可见分光光度计、超净台、电子天平（感量为 0.01g）、电子分析天平（感量为 0.000 1g）、烘箱、冷冻离心机、普通离心机、恒温摇床、恒温培养箱、恒温水浴锅、超声波细胞破碎仪、pH 计、超低温冰箱、制冰机。

4. 用　具

称量纸、烧杯、试剂瓶、容量瓶、止水夹、移液器、量筒、空气过滤器、玻璃棒、药匙、pH 试纸、标签纸、牛皮纸、纱布、脱脂棉、搪瓷缸、补料瓶、补料胶管等。

四、实验步骤

1. 试剂配制

50 mmol/L pH7.0 磷酸盐缓冲液：取 610 mL 50 mmol/L 磷酸氢二钠溶液与 390 mL 50 mmol/L 磷酸二氢钠溶液混合搅拌均匀，pH 计校正后使用。

5 mmol/L 对硝基苯酚-β-D-木糖苷（pNPX）：取 5 mmol pNPX 用 50 mmol/L pH7.0 磷酸盐缓冲液溶解后定容至 1 L。

考马斯亮蓝溶液：称取考马斯亮蓝 G250 100 mg，溶于 50 mL 95%的乙醇，并加入 100 mL 85%的浓磷酸，然后蒸馏水定容至 1 L 摇匀，贮存于棕色瓶（在室温下可放置 1 个月）。

100 μg/mL 标准蛋白溶液：分析天平精确称取牛血清蛋白 0.025 g，溶于少量蒸馏水，然后蒸馏水定容至 250 mL 摇匀。

【注意事项】

① 所有的溶液配好后立即装入试剂瓶，及时贴好标签，信息标注清楚。

② pNPX、标准蛋白溶液需要现用现配。

2. 菌种活化

LB 平板培养基（g/L）：胰蛋白胨 10、酵母提取物 5、氯化钠 10、琼脂 20，121 ℃灭菌 15 min。趁热倒平板，直至平板凝固冷却后贮存备用。

菌种活化：-80 ℃甘油管冻存的重组大肠杆菌画线接种于 LB（含 50 mg/L 卡那霉素）固体平板上，37 ℃恒温培养约 12 h。

【注意事项】

将卡那霉素配成贮存液（一般为 200×），用 0.22 μm 滤器过滤除菌。待 LB 固体培养基灭菌后冷却至 60 ℃，加入无菌卡那霉素，混匀后倒平板。

3. 摇瓶种子培养

将活化的菌种挑取单菌落接种于装有 100 mL LB 培养基的三角瓶中，37 ℃、200 r/min 恒温振荡培养约 12 h。

【注意事项】
所有无菌操作需严格进行，杜绝染菌，以免造成发酵实验失败。

4. 发酵罐实消、接种与发酵

发酵培养基和种子培养基组成相同。将 3 L LB 液体培养基装入发酵罐内 121 ℃灭菌 15～20 min。灭菌结束后待灭菌锅内温度降为 90 ℃以下，打开灭菌锅，等几分钟后取出发酵罐。开启无菌空气、冷却水和搅拌桨。待发酵罐温度冷却至 33 ℃时，采用火焰接种法以 1%接种量液（含终浓度为 50 mg/L 的卡那霉素）加入种子液。33 ℃、450 r/min 条件下培养至 OD_{600} 为 0.8～0.9，加入终浓度为 20 g/L 乳糖溶液诱导培养，48 h 后终止培养。培养过程中用 10 g/L 氢氧化钠溶液调节培养基的 pH 至 7.0。

【注意事项】
① 勿忘加入卡那霉素。
② 注意诱导剂加入的时间。
③ 发酵过程需调节培养基 pH。

5. 蛋白标准曲线的测定（Bradford 法）

移液器分别量取不同体积标准蛋白溶液（见表 2-4），并用蒸馏水补足到 1.0 mL，加入 5 mL 考马斯亮蓝溶液摇匀，静置 3～5 min 后，用 1 号管溶液调零，在 595 nm 波长下测 2～7 号管溶液的吸光值。以标准蛋白浓度（μg/mL）为横坐标，吸光值为纵坐标，绘蛋白标准曲线。

【注意事项】
① 溶液静置 3～5 min 后尽快测定。
② 乙醇清洗比色皿中的考马斯亮蓝。
③ 不要将考马斯亮蓝沾到身上。

6. 发酵参数的测定

菌体密度值测定：将菌液稀释适当倍数后在 600 nm 下测定吸光值。

胞外蛋白及酶液收集：直接取离心上清液测定总蛋白含量及 β-木糖苷酶酶活。

胞内蛋白及酶液收集：用 50 mmol/L pH7.0 的磷酸盐缓冲液洗涤菌体 2～3 次，加入与发酵液等体积的缓冲液，均匀悬浮菌体，超声波破碎菌体后离心收集上清液，测定总蛋白含量及 β-木糖苷酶酶活。

β-木糖苷酶酶活测定：200 μL 用 50 mmol/L pH7.0 磷酸缓冲溶液配制的 5 mmol/L pNPX 在 55 ℃预热 3 min，加入 50 μL 适当稀释的酶液，反应 10 min，再加入 750 μL 2 mol/L 碳酸钠溶液终止反应，冷却后测定 A_{410}，以对硝基苯酚为标准计算酶活力。酶活力的单位定义为：在上述条件下，每分钟生成 1 μmol 对硝基苯酚所需要的酶量。

【注意事项】

严格按操作步骤操作。

五、实验结果

（1）蛋白标准曲线的测定与标准曲线的绘制（见表 3-4）。

表 3-4　蛋白标准曲线的测定

管　号	1	2	3	4	5	6	7
蒸馏水体积/mL							
标准蛋白体积/mL							
考马斯亮蓝体积/mL							
标准蛋白浓度/（μg/mL）							
A_{595nm}							

（2）绘制发酵过程中胞外 β-木糖苷酶酶活（U/L）、胞外总蛋白浓度（g/L）、胞内木糖苷酶酶活（U/L）、胞内总蛋白浓度（g/L）和菌体浓度 OD_{600} 随发酵时间的变化曲线。

六、思考题

（1）简述乳糖在本实验中作为诱导剂的作用机理。
（2）简述诱导时机对重组大肠杆菌发酵产物的影响。

实验三　重组毕赤酵母表达人血清白蛋白

一、实验目的

学习和掌握毕赤酵母等真核生物高密度培养和表达的基本原理，掌握发酵过程中重要发酵参数的检测方法，具有初步的发酵工程实验设计、动手操作和解决问题能力，初步具有一定的实验数据分析能力。

二、实验原理

人血清白蛋白（human Serum Albumin，hSA）是由 585 个氨基酸残基组成的单链多肽，分子质量为 66.5 kD，约占血浆总蛋白的 60%。在体内 hSA 可维持渗透压、递送重要生化物质和作为高容量储库稳定体内游离配基的浓度，临床上广泛应用于大出血、休克、烧伤、红白细胞增多症和白蛋白过少症等。目前，hSA 全球年销售量超过 600 t，销售额约 45 亿美元；与实际的 850 t 左右的需求相比，约有 250 t 的年缺口。我国临床使用的 hSA 主要从人体血液中获取，因受人血来源有限以及血源受艾滋病、肝炎等传染疾病污染的影响，供应相对紧张。采用基因工程技术生产 rhSA 具有可大规模生产、来源不受病原体污染等优点，是一种安全、有效的方法。因此，重组 hSA（recombinant hSA，rhSA）作为 hSA 的替代品越来越受到重视。

酵母菌在大规模高密度发酵培养方面已具有成熟的工艺，较常用的有酿酒酵母、多形汉逊酵母、克鲁维酸酵母、毕赤酵母等，其中毕赤酵母的应用最多。酵母真核表达系统生产 rhSA 具有成本低、产量高等优点，在摇瓶中 rhSA 的产量可达 200 mg/L，发酵罐中近 4 g/L。要得到高表达量的蛋白质药物，毕赤酵母的高密度培养是关键。毕赤酵母高密度培养一般分为两个阶段，即菌体生长和产物表达。因菌体密度高，消耗基质量大，发酵液溶氧是高密度发酵的重要参数。溶氧工艺控制过程由细胞对氧的需求和发酵设备对氧的供给两方面决定，最终表现在细胞浓度的增加和细胞表达产物的释放。控制溶氧主要是通过搅拌速度和通气量的调节，增大搅拌速度和通气量都能使溶氧增加。当细胞浓度较高时，为了满足其对氧的需求，可通入纯氧。

三、实验材料及主要药品、器具

1. 菌　株

重组毕赤酵母（*Pichia pastoris* GS115/rHSA）。

2. 药 品

人血清白蛋白、酵母提取物、蛋白胨、葡萄糖、十二烷基硫酸钠、丙烯酰胺、双丙烯酰胺、过硫酸铵、Tris、巯基乙醇、溴酚蓝、甘氨酸、甲醇、冰醋酸、甘油、磷酸氢二钠、磷酸二氢钠、生物素、磷酸、硫酸钙、硫酸钾、硫酸镁、氢氧化钾、硫酸铜、碘化钠、硫酸锰、钼酸钠、硼酸二氢钠、氯化钴、氯化锌、硫酸亚铁、硫酸、氧气、甲醇、氢气、乙醇、考马斯亮蓝 G250、乙腈、增强化学发光试剂盒、脱脂牛奶、小鼠抗人 HAS、盐酸、吐温-20、氯化钠、醋酸纤维膜。

3. 仪 器

超低温冰箱、发酵罐、灭菌锅、旋涡混合器、可见分光光度计、超净台、电子天平（感量为 0.01 g）、电子分析天平（感量为 0.000 1 g）、烘箱、冷冻离心机、摇床、4 ℃恒温箱、电泳仪、蠕动泵、气相色谱仪、液相色谱仪、恒温培养箱、直流稳压电源、微量注射器。

4. 用 具

烧杯、容量瓶、止水夹、空气过滤器、锥形瓶、试剂瓶、量筒、玻璃棒、药匙、pH 试纸、标签纸、牛皮纸、纱布、微孔滤膜、氧气瓶等。

四、实验步骤

1. 培养基与灭菌

YPD 培养基（g/L）：酵母提取物 10、蛋白胨 20、葡萄糖 20。

BMGY 培养基（g/L）：酵母提取物 10、蛋白胨 20、无氨基酵母氮源（YNB）13.4、0.1 mol/L 磷酸钾缓冲液（pH 6.0）、甘油 10、生物素 4×10^{-4}。

1 L 基础盐培养基含 27 mL 磷酸、0.9 g 硫酸钙、18 g 硫酸钾、15 g 硫酸镁、4.13 g 氢氧化钾、4.4 mL 微量金属元素、40 g 甘油。

微量金属元素组成（g/L）：硫酸铜 6.0、碘化钠 0.08、硫酸锰 3.0、钼酸钠 20.2、硼酸二氢钠 0.02、氯化钴 0.5、氯化锌 20、硫酸亚铁 65、生物素 0.2、硫酸 9.2。

培养基于 115 ℃灭菌 20 min。

【注意事项】
待培养基温度降至 60 ℃以下加入 YNB、生物素。

2. 高密度培养与表达

一级种子：将已在 YPD 斜面活化好的酵母菌种接种至含 100 mL BMGY 的 500 mL

摇瓶中，于 30 ℃和 240 r/min 条件下摇床恒温振荡培养 16～18 h 得到一级种子。

二级种子：将一级种子按 10%的接种量接种至 BMGY 培养基，30 ℃、240 r/min 摇床恒温振荡培养 24 h 得到二级种子。

发酵：将二级种子按 7.5%接种量接种至 3.5 L 基础盐培养基，30 ℃、240 r/min 培养，溶氧控制在 30%左右。当菌体进入对数生长期后需要通纯氧培养，待培养至 20 h 时开始加甘油（终浓度 5 g/L）。当培养至 36 h 细胞浓度达到 400 g/L 时，补加甲醇诱导重组酵母表达人血清白蛋白，培养 72 h 结束发酵。

【注意事项】

① 细胞适应甲醇碳源时，其流加速率可升至 12 mL/（L·h）；诱导期甲醇补料速度保持最大值；诱导后期的甲醇流加速率应缓慢下降至 5 mL/（L·h）。

② 离心后发酵上清液 4 ℃保存。

3. 发酵参数的测定

甘油浓度采用高效液相色谱法测定。测定条件如下：C18 反相柱（5 μm，4.6 mm×250 mm），流动相 70%乙腈＋30%水。流速 0.6 mL/min，柱温 30 ℃，进样量 10 μL，示差折光检测器。

甲醇浓度采用气相色谱法测定。测定条件如下：气相色谱柱 PEG20 M（30 m×0.32 mm×0.5 μm），毛细管柱，汽化室温度 200 ℃，FID 检测器温度 220 ℃，柱箱温度 170 ℃，氮气流速 40 mL/min，空气流速 450 mL/min，氢气流速 40 mL/min。

菌体干重测定：将 5 mL 发酵液在冷冻离心机中以 5 000 r/min、离心 10 min 后移除上清液，用生理盐水洗涤菌体两次后丢弃上清，置于烘箱内 108 ℃烘至恒重，以计算细胞干重（g/L）。

胞外蛋白测定：发酵液离心取上清液，采用考马斯亮蓝法测定总蛋白量。

rHSA 表达量测定：每隔 2 h 取样，离心收集培养基上清液，经十二烷基硫酸钠-聚丙烯酰胺凝胶（SDS - PAGE）电泳，用湿转法将凝胶上的蛋白转移至醋酸纤维膜上，用质量分数为 5%的脱脂牛奶 4 ℃过夜阻断。孵育小鼠抗人的 HSA 一抗，用磷酸缓冲液按体积比 1∶1 000 稀释，室温孵育 4 h，用体积分数为 0.4%的 PBST 洗膜。孵育辣根过氧化物酶标记的山羊抗鼠的 IgG，二抗用磷酸缓冲液按体积比 1∶1 000 稀释，室温孵育 2 h。用增强化学发光试剂盒检测 rHSA 表达量测定。

五、实验结果

每隔 2 h 从发酵罐取样，测定甘油浓度、甲醇浓度、细胞干重、胞外 rHSA 表达量、总蛋白含量，并绘制五者随发酵时间的变化曲线。

六、思考题

（1）重组毕赤酵母高密度培养一般分为两个阶段，这两阶段各有何特征？

（2）大肠杆菌和毕赤酵母作为外源基因宿主，在发酵上有何差异？

实验四　分批发酵动力学参数的测定

一、实验目的

学习和掌握酵母分批培养过程中重要参数的检测方法，理解和掌握分批发酵反应速率、得率系数、比生长速率等参数的计算方法。

二、实验原理

微生物分批发酵动力学主要研究微生物在分批发酵过程中的细胞生长动力学、基质消耗动力学和代谢产物生成动力学。其动力学方程如下：

$$\text{细胞生长速率 } r_x = \frac{dc_x}{dt} = \mu\, c_x \tag{3-1}$$

$$\text{基质消耗速率 } r_s = -\frac{dc_s}{dt} = q_s c_x \tag{3-2}$$

$$\text{代谢产物生成速率 } r_p = \frac{dc_p}{dt} = q_p c_x \tag{3-3}$$

上式中，c_x 为菌体浓度（g/L）；μ 为比生长速率（1/h）；c_s 为底物浓度（g/L）；q_s 为底物比消耗速率（1/h）；c_p 为产物浓度（g/L）；q_s 为产物比合成速率（1/h），q_p 为代谢产物生成速率（g/L·h）；t 为发酵时间（h）。

由于分批发酵是非稳态，因此反应器内物系的组成随反应时间而变。深入理解微生物发酵动力学，对优化过程控制、提高发酵效率具有重要意义。

三、实验材料及主要药品、器具

1. 菌　株

酿酒酵母（*Saccharomyces cerevisiae*）。

2. 试　剂

3, 5-二硝基水杨酸、氢氧化钠、酒石酸钾钠、苯酚、亚硫酸钠、磷酸氢二钾、硫酸镁、胰蛋白胨、葡萄糖、还原型谷胱甘肽（简称 GSH）、磷酸氢二钠、磷酸二氢钠、三羟甲基氨基甲烷（简称 Tris）、盐酸、甲醛、5，5'-二硫代双（2-硝基苯甲酸）（简称 DTNB）、氯化钾。

3. 设　备

灭菌锅、旋涡混合器、可见分光光度计、超净台、电子天平（感量为 0.01 g）、电子分析天平（感量为 0.000 1 g）、烘箱、冷冻离心机、普通离心机、恒温摇床、恒温培养箱、恒温水浴锅、pH 计、电磁炉。

4. 用　具

称量纸、烧杯、试剂瓶、容量瓶、三角瓶、移液器、量筒、玻璃棒、药匙、pH 试纸、标签纸、牛皮纸、纱布、脱脂棉、不锈钢锅等。

四、实验步骤

1. 溶液配制

200 mg/L GSH 标准溶液：分析天平准确称量谷胱甘肽 10 mg，用蒸馏水溶解后定容至 50 mL，摇匀，-80 ℃保存。

0.05 mol/L pH7.0 磷酸盐缓冲液：取 610 mL 0.05mol/L 磷酸氢二钠溶液与 390 mL 0.05 mol/L 磷酸二氢钠溶液混合搅拌均匀，pH 计校正后使用。

0.25 mol/L pH8.0 Tris-HCl 缓冲液：准确称量 Tris 固体 7.571 2 g 加入 220 mL 蒸馏水溶解，缓慢滴加浓盐酸，直至溶液 pH 为 8.0，用蒸馏水定容至 250 mL，瓶盖密封好后保存。

0.01 mol/L DTNB 储存液：准确称取 DTNB 0.099 1 g，用磷酸盐缓冲液（0.05 mol/L，pH7.0）定容至 25 mL，存于棕色瓶中，放于低温暗处备用。

DTNB 分析液：DTNB 储存液与 Tris-HCl 缓冲液（0.25 mol/L，pH8.0）以体积比 1：100 混合配制而成，使用前临时配制。

3%甲醛溶液：移液管吸取甲醛 1.5 mL，加入 48.5 mL 蒸馏水，混匀后用稀 NaOH 溶液调节 pH=8.0。

1 g/L 葡萄糖标准溶液：分析天平准确称取 100 mg，预先在 105 ℃干燥至恒重的分析纯葡萄糖，用少量蒸馏水溶解后定容至 100 mL，保存于冰箱中备用。

3，5-二硝基水杨酸（DNS）溶液：精确称取 3，5-二硝基水杨酸固体 3.15 g 加蒸馏水 500 mL 搅拌溶解，水浴至 45 ℃，加入 20 g 氢氧化钠直至完全溶解，再逐步加入酒石酸钾钠 91 g，苯酚 2.50 g，亚硫酸钠 2.50 g，搅拌至完全溶解，冷却到室温，定容至 1 L，过滤，取过滤液储存于棕色瓶，避光保存。

YEPD 斜面培养基：称琼脂 20 g 加入 800 mL 蒸馏水小火缓慢热至琼脂完全溶化，加入葡萄糖 20 g，蛋白胨 20 g，酵母膏 10 g，搅拌至其完全溶解。稍冷却后再补足水分至 1 L，分装试管加棉塞、牛皮纸包扎后于 121 ℃灭菌 15 min。趁热摆放斜面，直至斜面凝固冷却后贮存备用。

220 g/L 葡萄糖溶液：称取葡萄糖 220 g，用蒸馏水溶解后定容至 1 L，121 ℃灭菌 15 min。

95 g/L 胰蛋白胨溶液：称胰蛋白胨 95 g 用蒸馏水溶解定容至 1 L，现用现配。

无机盐溶液（g/L）：磷酸氢二钠 2.5，磷酸二氢钾 22.5，硫酸镁 3.75，乙酸铵 3.75，现用现配。

2. 酵母斜面活化

将保存于 4 ℃的酿酒酵母在超净台上通过接种环画线接入 YEPD 斜面培养基，30 ℃，培养 36 h 左右，待斜面上长满乳白色菌体即可用。

3. 摇瓶发酵培养

摇瓶培养基：取胰蛋白胨溶液 20 mL 和无机盐溶液 10 mL 加入 250 mL 三角瓶，加棉塞包扎后 121 ℃灭菌 15 min，在超净台中加入 20 mL 已灭菌的葡萄糖溶液。

种子培养基接种与培养：用接种环轻轻刮取 1 环活化好的斜面菌体，转移至摇瓶发酵培养基，放于摇床 30 ℃、150 r/min 培养，每间隔一段时间（如 2～3 h）取下一瓶，直至发酵 48 h 结束。

4. 发酵动力学参数的测定

菌体量测定：将 5 mL 发酵液在冷冻离心机中以 5 000 r/min、离心 10 min 后移除上清液，用生理盐水洗涤菌体两次后丢弃上清，置于烘箱内 108 ℃烘至恒重，以计算细胞干重（g/L）。

发酵液内葡萄糖测定：生物传感分析仪测定。

谷胱甘肽测定：将湿菌体按照 1：15（m/v）加入蒸馏水，沸水浴 9 min 后离心收集上清，采用 DTNB 法测定其含量。

五、实验结果

（1）根据测定结果填写表 3-5。

表 3-5　发酵过程数据测定与计算结果

发酵时间/h	0	2	5	8	11	14	18	22	26	30	36	40	48
葡萄糖/（g/L）													
谷胱甘肽/（g/L）													
细胞量/（g/L）													

（2）根据表 3-5 数据，以发酵时间为横坐标，葡萄糖浓度、谷胱甘肽浓度和细胞量为纵坐标绘制底物、产物、菌体随时间变化图。

（3）根据表 3-5 数据，以发酵时间为横坐标，比生长速率为纵坐标，绘制比生长速率随发酵时间变化图。

（4）计算整个发酵过程中菌体对葡萄糖的平均得率系数、谷胱甘肽对葡萄糖的平均得率系数、葡萄糖平均消耗速率、菌体平均生长速率、谷胱甘肽菌体平均合成速率。

六、思考题

（1）简述 Monod 方程的应用条件。

（2）简述研究微生物发酵动力学的意义。

实验五　连续搅拌釜式反应器的反应性能试验

一、实验目的

理解和掌握连续搅拌釜式反应器的反应性能，掌握微生物菌体在连续搅拌釜式反应器生长的规律，掌握反应器的有关操作。

二、实验原理

连续搅拌釜式反应器（CSTR）是一类微生物反应器，其主要特征是物料输入的体积流量和输出的体积流量相等，因此反应体积保持不变。当反应器操作达到稳定时，反应器内物系的组成不随时间而变，同时由于反应器内的搅拌，使得物系在空间上达到充分混合，物系组成也不随空间位置而变，此时反应器内物系的组成和反应器出口的组成相同。对应于一定的进料流量，反应器内的物系有一定的组成。对于菌体浓度而言，随着流量的增大，菌体浓度变小，当进料流量达到一定值时，反应器内的菌体浓度可以为零，这时称为反应器操作的洗出点。微生物在单级 CSTR 中细胞浓度、底物浓度及细胞生长速率的变化规律，符合以下三个方程。

底物浓度　　$c_s = \dfrac{K_s \cdot D}{\mu_{\max} - D}$ 　　　　　　　　　　（3-4）

细胞浓度　　$c_x = Y_x / s \left(c_{s0} - \dfrac{K_s \cdot D}{\mu_{\max} - D} \right)$ 　　　　　（3-5）

细胞生成速率　　$r_x = D \cdot Y_x / s \left(c_{s0} - \dfrac{K_s \cdot D}{\mu_{\max} - D} \right)$ 　　　　（3-6）

上式中，K_s 为底物饱和常数（g/L）；D 为稀释率（1/h）；$\mu_{\max}$ 为微生物最大比生长速率（1/h）；Y_x/s 为菌体对底物的得率系数；c_{s0} 为底物初始浓度（g/L）。

由于连续发酵是稳态，因此反应器内物系的组成不随反应时间而变。深入理解微生物不同培养模式下的发酵动力学，对优化过程控制、提高发酵效率具有重要意义。

三、实验材料及主要药品、器具

1. 菌　株

酿酒酵母（*Saccharomyces cereuisiae*）。

2. 药　品

3，5-二硝基水杨酸、氢氧化钠、酒石酸钾钠、苯酚、亚硫酸钠、磷酸氢二钾、硫酸镁、胰蛋白胨、葡萄糖、磷酸氢二钠、磷酸二氢钠、盐酸、乙酸铵。

3. 仪　器

小型发酵罐、灭菌锅、旋涡混合器、可见分光光度计、超净台、生物传感分析仪、电子天平、烘箱、离心机、恒温摇床、恒温培养箱、恒温水浴锅、pH 计、电磁炉。

4. 用　具

称量纸、烧杯、试剂瓶、容量瓶、止水夹、移液器、量筒、空气过滤器、玻璃棒、药匙、pH 试纸、标签纸、牛皮纸、纱布、脱脂棉、不锈钢锅、小试管、具塞试管等。

四、实验步骤

1. 种子培养基配置与种子培养

种子培养基配制与灭菌：取胰蛋白胨溶液（称胰蛋白胨 95 g 用蒸馏水溶解定容至 1 L）20 mL 和无机盐溶液（磷酸氢二钠 2.5 g/L，磷酸二氢钾 22.5 g/L，硫酸镁 3.75 g/L，乙酸铵 3.75 g/L）10 mL 加入 250 mL 三角瓶，加棉塞包扎后 121 ℃灭菌 15 min。在超净台中加入 20 mL 已灭菌的葡萄糖溶液，即为种子培养基。

种子培养基接种和培养：从 YEPD 斜面上刮取 1 环新鲜菌体转移至种子培养基，然后放于摇床 30 ℃，150 r/min 培养 20 h 左右。

2. 恒化法培养酵母细胞

发酵培养基与种子培养基组成相同。将 0.5 L 发酵培养基装于 5 L 发酵罐，121 ℃下灭菌 15 min。按 10%的接种量加入酵母种子液，培养条件为 30 ℃，180 r/min，通气量 2 L/min 培养。分批培养一定时间后，控制反应器内的反应体积在一较小值，在分批反应条件下，用蠕动泵连续加入培养基，并控制出料阀门，使出料量等于进料量，以维持反应器内的液面位置不变。当一定时间后连续反应达到稳定时，取 5 mL 的反应液，测定细胞 OD_{600nm} 值和葡萄糖浓度。调节进料流量和出料流量，使连续反应器在另一稀释率下工作。流量的调节是由小到大，直至某一流量下反应器的细胞被完全洗出，结束试验。

【注意事项】
待发酵体系稳定后再取样。

3. 菌体 OD 值和葡萄糖浓度

菌体 OD_{600nm} 值测定：将菌液稀释适当倍数后在 600 nm 下测定吸光值。葡萄糖浓度用生物传感分析仪或 DNS 法检测。

五、实验结果

（1）根据测定结果填写表3-6。

表 3-6　酿酒酵母连续培养实验结果

稀释率（l/h）	0.4		0.6		1	
	130 min	40 min	30 min	40 min	30 min	40 min
葡萄糖浓度/（g/L）						
菌体 OD_{600nm} 值						

（2）绘制连续培养菌体浓度随加料流量变化曲线。

六、思考题

（1）简述微生物连续培养优点与缺点
（2）试比较微生物恒浊培养与恒化培养的差异。

实验六 亚硫酸盐氧化法测定体积传质系数

一、实验目的

学习和掌握亚硫酸盐氧化法测定体积传质系数的原理，掌握亚硫酸盐氧化法测定体积传质系数的操作。

二、实验原理

由双膜理论导出的体积传氧速率方程为 $OTR = K_La(c_L{}^* - c_L)$，式中，$OTR$ 是体积传氧速率（mol/mL·min）；K_La 是体积传质系数（1/min）；$c_L{}^*$ 是操作条件下氧在溶液内的饱和浓度（mol/mL）；c_L 是溶液内氧的浓度（mol/mL）。体积传氧速率方程是通气液体中传氧速率的基本方程之一，该方程指出体积溶氧系数一般在氧的物理传递过程起着决定性作用。因此求出生物反应器特定反应条件下的体积溶氧系数，对于衡量生物反应器的性能、控制好氧发酵过程和发酵罐的放大都有着极其重要的意义。体积溶氧系数的测定方法主要有亚硫酸盐氧化法、动态法和稳定氧平衡法。

其中，亚硫酸盐氧化法以操作简单、方便开展等特点在实验室内被广泛采用。亚硫酸盐氧化法，以 Cu^{2+} 作为催化剂，溶解在水中的氧能立即氧化其中的 SO_3^{2-}，使之成为 SO_4^{2-}。

$$2Na_2SO_3 + O_2 \longrightarrow 2Na_2SO_4 \tag{3-7}$$

并且在 $20 \sim 45\ ℃$下，相当宽的 SO_3^{2-} 浓度范围（$0.35\ mol/L \sim 1.0\ mol/L$）内，$O_2$ 与 SO_3^{2-} 的反应速度和 SO_3^{2-} 的浓度无关。利用这一反应特性，可以从单位时间内被氧化的 SO_3^{2-} 量求出传递速率。当反应方程（1）达稳态时，用过量的 I_2 与剩余的 SO_3^{2-} 作用：

$$Na_2SO_3 + I_2 + H_2O \longrightarrow Na_2SO_4 + 2HI \tag{3-8}$$

再以 $Na_2S_2O_3$ 滴定过剩的 I_2：

$$2Na_2S_2O_3 + I_2 \longrightarrow Na_2S_4O_6 + 2NaI \tag{3-9}$$

从反应方程（3-7）至（3-9）可知，每消耗 $4\ mol\ Na_2S_2O_3$ 相当于 $1\ mol\ O_2$ 被吸收，故氧的传递速率 OTR 亦可以通过一定时间间隔内消耗量的 $Na_2S_2O_3$ 来求解，即

$$N_v = \frac{dc}{dt} = \frac{c \cdot \Delta V}{1000 V_m \cdot t \cdot 4} \tag{3-10}$$

式中，N_v 是耗氧速率（mol/mL·min）；c 是标准硫代硫酸钠溶液浓度（mol/L）；ΔV 是两次取样滴定消耗的硫代硫酸钠溶液体积差（mL）；V_m 是取样分析液体积（mL）；t 是相邻

两次取样间隔时间（min）。

在实验条件下传氧速率等于耗氧速率，即

$$K_La\left(c_L{}^*-c_L\right)=K_La\cdot c_L{}^*=\frac{c\cdot\Delta V}{1000V_m\cdot t\cdot 4}$$

整理得

$$K_La=\frac{c\cdot\Delta V}{1000V_m\cdot t\cdot 4\left(c_L{}^*-c_L\right)}\qquad\qquad（3-11）$$

本实验通过亚硫酸盐氧化法测定三角瓶内体积传质系数。

三、主要药品及器具

1. 药 品

硫代硫酸钠、碘、碘化钾、淀粉、硫酸铜、亚硫酸钠、重铬酸钾、盐酸、碳酸钠。

2. 仪 器

恒温摇床、电子分析天平（感量为 0.000 1 g）、电子天平（感量为 0.01 g）、电磁炉。

3. 用 具

碱式滴定管、烧杯、铁架台、容量瓶、试剂瓶、碘量瓶、量筒、玻璃棒、药匙、标签纸、搪瓷缸、移液器、秒表等。

四、实验步骤

1. 溶液的配制

0.025 mol/L 硫代硫酸钠溶液：烧杯称取五水合硫代硫酸钠 6.25 g，加入 300 mL 新煮沸过的冷蒸馏水，待其完全溶解后，加入碳酸钠 0.05 g，然后用新煮沸过的蒸馏水稀释至 1 000 mL，保存于棕色瓶中，在暗处放置，7 d 左右后标定。

0.05 mol/L 碘标准溶液：烧杯中称取碘固体 12.7 g 和碘化钾 25 g，加少许蒸馏水搅拌至碘全部溶解后，转入棕色瓶中，加水稀释至 1 000 mL，摇匀后避光保存。

2 g/L 淀粉指示剂：搪瓷缸内称取 0.20 g 可溶性淀粉，用少量水调成糊状，溶于 80 mL 沸蒸馏水中，继续煮沸至溶液透明，冷却后蒸馏水定容至 100 mL。

0.1 mol/L 硫酸铜溶液：五水合硫酸铜 1.25 g，蒸馏水溶解后定容至 50 mL。

0.5 mol/L 亚硫酸钠：无水亚硫酸钠 12.6 g，蒸馏水溶解后定容至 200 mL。

6 mol/L 盐酸溶液：495.34 mL 浓盐酸，再加入 504.66 mL 水稀释后即得。

【注意事项】

① 淀粉指示剂需新鲜配制。

② 硫代硫酸钠溶液应避光保存，使用前须标定浓度。

③ 碘标准溶液应避光保存。

2. 硫代硫酸钠溶液的标定

取在 120 ℃ 干燥至恒重的重铬酸钾 0.15 g，置 250 mL 碘量瓶中，加水 25 mL 使其溶解。加碘化钾 2 g，轻轻振摇使其溶解，加 6 mol/L 盐酸溶液 5 mL，立即盖好瓶塞摇匀后水封。在暗处放置 5 min 后，拔掉瓶塞使瓶口水入瓶中，加水 50 mL，并用洗瓶吹洗碘量瓶内壁，用硫代硫酸钠溶液滴定至溶液呈浅黄色（或黄绿色）。加入淀粉指示剂 5 mL，此时溶液呈深蓝色，继续滴定至蓝色消失变为 Cr^{3+} 的绿色为止。

校正后硫代硫酸钠溶液浓度计算公式如下：

$$c = \frac{1000 \cdot W}{E \cdot V_c} \tag{3-12}$$

式中，c 是硫代硫酸钠溶液的摩尔浓度（mol/L），W 是重铬酸钾基准物重量（g）；E 是重铬酸钾基准物的克当量，$E = 49.03$（即 1 mol 硫代硫酸钠相当于 49.03 g 的重铬酸钾）；V_c 是滴定时所用硫代硫酸钠溶液的体积（mL）。

3. 体积传质系数的测定

将 50 mL 无水亚硫酸钠溶液装入 250 mL 三角瓶中，加入 0.5 mL 硫酸铜溶液使其终浓度为 10^{-3} mol/L，设定摇床温度 30 ℃，转速 150 r/min，开启摇床平衡 15 min。

从三角瓶内快速吸取 1 mL 亚硫酸钠溶液快速加入装有 15 mL 碘液的碘量瓶中，向碘量瓶中快速加入预先煮沸冷却的蒸馏水 20 mL，盖上塞子轻轻摇晃 2~3 圈，然后用标准硫代硫酸钠溶液滴定至淡黄色，加入淀粉指示剂 1 mL。（此时溶液呈蓝色），继续滴定至蓝色恰好消失，并记录消耗的硫代硫酸钠溶液体积 V_1。

第一次取样结束 15 min 后，重复以上操作并记录消耗的硫代硫酸钠溶液体积 V_2。

第二次取样结束 15 min 后，重复以上操作并记录消耗的硫代硫酸钠溶液体积 V_3。

【注意事项】

① 当碘量瓶中有碘溶液时，在加入样品前需用塞子密封，移液器具的出液口尽可能地贴近碘上表面，且动作要迅速以免碘蒸气蒸发和碘被空气氧化。

② 在将碘量瓶内的溶液滴定到淡黄色之前，一定要缓慢摇动碘量瓶，以免引起空气氧化溶液中的碘分子；一定要等到溶液滴定到淡黄色时，再加入淀粉指示剂，否则延迟生成的 I_2 的释放，影响结果的准确性。

③ 加入淀粉指示剂滴定后，可以相对加大碘量瓶摇动幅度，缓慢滴加硫代硫酸钠，

切不可滴过量。

4. 数据处理

由于溶液中 SO_3^{2-} 在 Cu^{2+} 催化下瞬即把溶解氧还原掉，所以在搅拌作用充分的条件下整个实验过程中溶液中的溶氧浓度为零。在 101.325 kPa（1 atm）下，25 ℃时空气中氧的分压为 0.021 MPa。根据亨利定律，可计算出氧在纯水中饱和浓度为 2.4×10^{-4} mol/L，但由于亚硫酸盐的存在，氧的饱和浓度实际值低于 2.4×10^{-4} mol/L，因此一般规定氧的饱和浓度为 2.1×10^{-4} mol/L。体积溶氧系数计算公式化简为

$$K_La = \frac{c \cdot \Delta V}{1000 V_m \cdot t \cdot 4 \times 2.1 \times 10^{-7}} = \frac{1190 c \cdot \Delta V}{V_m \cdot t} \tag{3-13}$$

【注意事项】
统一单位后代入公式计算；两次测定的亚硫酸盐溶液消耗量误差应不大于 0.1 mL。

五、实验结果

根据实验测定结果填写表 3-7。

表 3-7　亚硫酸盐氧化法测定摇瓶体积传质系数

所在小组	取样体积（mL）		搅拌速度（r/min）溶液温度（℃）	
$V_1 =$ （mL）	$V_2 =$	（mL）	$V_3 =$	（mL）
硫代硫酸钠浓度（mol/L）				
相邻两次取样时间间隔（min）				
ΔV（mL）				
N_v（mol/L·h）				
K_La（1/h）				
K_La 平均值（1/h）				

六、思考题

（1）讨论分析转速、通气量、装液量、温度等因素对生物反应器体积传质系数的影响。

（2）试分析实验过程中主要误差来源，并提出对本实验改进的意见。

实验七　溶氧策略调控灵芝菌丝体发酵三萜

一、实验目的

学习和掌握溶氧策略调控灵芝菌丝体发酵产三萜的原理和操作。

二、实验原理

灵芝三萜是化学结构较复杂的化合物，分子量一般为 400～600。目前已知该类化合物有 7 种不同的母核结构，在母核上有多个不同的取代基，常见的有甲基、羟基、羧基、酮基、乙酰基和甲氧基等。依据结构、官能团的不同，又可以分为灵芝酸、灵芝孢子酸、灵芝内酯、灵芝醇、灵芝醛、赤灵酸、灵赤酸、赤芝酮等 10 多种。现代药理研究证明，灵芝三萜具有抗衰老、降血脂、降血糖、抗肿瘤等作用。与人工栽培灵芝相比，通过液体深层发酵技术生产灵芝三萜具有生产周期短、三萜类含量相对稳定、不受季节影响等特点，现已成为获取灵芝三萜的最有效方法。

灵芝三萜的合成代谢比较复杂，发酵过程中的细微差别都可能引起产物代谢流的较大改变。因此，发酵调控是获得灵芝三萜高产的重要手段。许多研究表明体系中溶氧的变化对于灵芝菌丝体生物量和三萜含量均有影响。研究表明，高的体积溶氧传质系数对灵芝菌球形态有较大影响，或使培养物中大的菌球数目增多，或使菌球直径相对增加，从而引发"氧限制"现象，而这却有利于单位细胞灵芝酸的大量合成。

近年来，在发酵体系中添加氧载体提高溶氧效果越来越受到人们的重视。氧载体与发酵液形成的体系具有能耗低、气泡生成少、剪切力小、氧传递速度快等特点，能在不增加能耗的基础上提高氧传递效率。氧载体与水的相互排斥，氧载体最终将集中在气液界面上形成一层覆盖气泡的膜。由于氧载体相对氧气来说具有较强的溶解度，使得氧穿过水边界层的渗透力增强，从而有利于氧传递的进行。

三、实验材料及主要药品、器具

1. 菌　株

灵芝（*Ganoderma lingzhi* G0119）。

2. 药　品

马铃薯、葡萄糖、琼脂、豆饼粉、硫酸镁、磷酸二氢钾、可溶性淀粉、齐墩果酸、香草醛、冰乙酸、高氯酸、灵芝酸 T、灵芝酸 R、灵芝酸 S、正十二烷、甲醇。

3. 仪 器

灭菌锅、旋涡混合器、可见分光光度计、超净台、天平（感应量 0.01g）、分析天平（感应量 0.000 1g）、水浴锅、烘箱、电热炉、冷冻离心机、恒温摇床、高效液相色谱仪、超声波清洗仪、生物传感分析仪。

4. 用 具

烧杯、容量瓶、试剂瓶、量筒、玻璃棒、药匙、pH 试纸、标签纸、纱布、棉花、锥形瓶、打火机、棉手套、移液枪、枪头、进样针等。

四、实验步骤

1. 齐墩果酸标准曲线的测定

齐墩果酸标准溶液：准确称取干燥恒质量的齐墩果酸标准品 10 mg 置于 50 mL 的容量瓶中，加入无水乙醇定容，制得 200 μg/mL 的标准溶液。

齐墩果酸标准曲线的测定：吸取系列体积的标品溶液（0 mL、0.1 mL、0.2 mL、0.3 mL、0.4 mL、0.5 mL）于试管中，在 60 ℃恒温水浴锅中挥干，流水冷却后加 0.2 mL 5%的香草醛-冰乙酸和 0.8 mL 高氯酸摇匀，70 ℃水浴锅加热 15 min，流水冷却，加 4 mL 冰乙酸，摇匀后在 560 nm 处测定吸光值。以齐墩果酸浓度为横坐标，吸光值为纵坐标，绘制标准曲线。

2. 培养基

PDA 斜面培养基（g/L）：马铃薯 200、葡萄糖 20、琼脂 20。
PDB 种子培养基（g/L）：马铃薯 200、葡萄糖 20。
发酵培养基（g/L）：葡萄糖 20、酵母粉 5、硫酸镁 2、磷酸二氢钾 1.5，pH5.5。

3. 种子液制备

挑取保藏的菌种于 PDA 斜面上 26 ℃培养 12 d，在活化好的斜面铲出黄豆大小菌丝体 3 块接入装有 100 mL PDB 种子的培养基中，26 ℃和 150 r/min，培养 10 d。

4. 摇瓶发酵

将种子以 10%液体接种量接入 200 mL 发酵培养基，26 ℃、150 r/min 培养至 24 h，分别添加不同浓度（10 mL/L、20 mL/L、30 mL/L、40 mL/L、50 mL/L）正十二烷，继续培养 6 d。

5. 分析测定

菌丝体干重测定：离心收集菌丝体，用蒸馏水洗 3 次，将菌丝体置于 105 ℃烘箱中，烘干至恒重。

残糖量测定：生物传感分析仪测定。

灵芝总三萜测定：称取干菌丝体粉末 200 mg，加入 5 mL 95%乙醇，超声 2 h（重复一次），过滤后取得上清液，合并两次上清制成待测液 PT。以齐墩果酸为标准品，用香草醛—冰醋酸法测定总三萜的含量。

灵芝酸单体的测定：用旋转蒸发仪 45 ℃真空蒸干待测液 PT，5 mL 甲醇溶解，0.22 μm 滤膜过滤。以灵芝酸 T、灵芝酸 R、灵芝酸 S 为标品，用高效液相色谱法测定菌丝体中单体含量。液相条件：YMC C18 色谱柱（250 mm × 4.6 mm，5 μm）；流动相为 0.5% 冰醋酸水溶液（A）-甲醇（C），梯度洗脱（0 ~ 20 min：85%C + 100%C；20 ~ 30 min：100%C），流速 1 mL/min；检测波长 245 nm；柱温 30 ℃；进样量 10 μL。

五、实验结果

（1）根据实验结果填写表 3-8。

表 3-8 齐墩果酸标准曲线的测定

管号	1	2	3	4	5	6
齐墩果酸标准溶液/mL	0	0.1	0.2	0.3	0.4	0.5
香草醛-冰乙酸/mL	0.2	0.2	0.2	0.2	0.2	0.2
高氯酸/mL	0.8	0.8	0.8	0.8	0.8	0.8
乙酸乙酯/mL	4	4	4	4	4	4
齐墩果酸浓度/（μg/mL）	0	4	8	12	16	20
A_{560}						

（2）绘制齐墩果酸标准曲线。

（3）根据实验结果填写表 3-9。

表 3-9 正十二烷对灵芝菌发酵产三萜影响

十二烷添加量/（mL/L）	菌丝干重/（g/L）	残糖/（g/L）	总三萜/（mg/L）	灵芝酸 T/（mg/L）	灵芝酸 R/（mg/L）	灵芝酸 S/（mg/L）
0						
10						
20						
30						
40						

六、思考题

（1）简述氧载体对微生物发酵的影响。

（2）列举发酵中常用的氧载体。

实验八　ATP再生策略调控酵母细胞合成谷胱甘肽

一、实验目的

学习和掌握辅助 ATP 再生策略调控酿酒酵母细胞合成谷胱甘肽的原理。

二、实验原理

谷胱甘肽（GSH）生产方法主要有提取法、化学合成法、微生物发酵法和酶法。酶法生物转化合成就是利用微生物细胞中的了 γ-L-谷氨酰-L-半胱甘酸合成酶（GSH-I）和 γ-L-谷氨酰-L-半胱甘酰-甘氨酸合成酶（GSH-II）在适宜环境下催化三种前体氨基酸形成 GSH 的方法。

酶法合成谷胱甘肽由于具有转化效率高、催化专一性强、反应条件温和、杂质相对较少等优点，因此引起了许多学者的关注。GSH 的合成是一个典型的需要 ATP 的酶催化反应过程，由于 ATP 价格比较昂贵，反应介质内直接添加 ATP 会降低酶法合成 GSH 成本；同时高浓度 ATP 及 ADP 也会抑制 GSH 合成酶系活性。要实现 GSH 的高效合成，构建 ATP 再生系统是个必要条件。葡萄糖可以作为酵母糖酵解和有氧呼吸的底物，葡萄糖的供应可为酵母细胞提供充足能量（图 3-3）。廉价的葡萄糖若能够代替昂贵的 ATP 作为能量物质，对于全细胞生物合成 GSH 的工业化具有重要的现实意义。

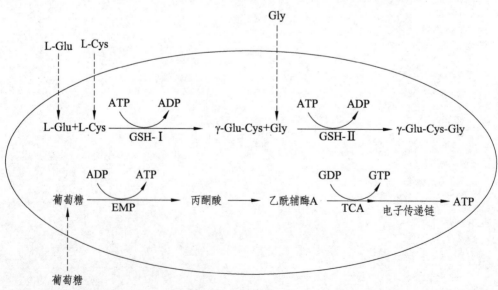

图 3-3　ATP 再生策略调控酵母细胞合成谷胱甘肽示意图

三、实验材料及主要药品、器具

1. 菌　株

见第三章，实验一。

2. 药　品

L-谷氨酸、L-半胱氨酸、L-甘氨酸、氯化镁，其余试剂见第三章实验一。

3. 仪器见第三章实验一。

4. 用　具

烧杯、容量瓶、试剂瓶、量筒、玻璃棒、药匙、标签纸、纱布、棉花、50 mL 锥形瓶、打火机、棉手套、移液器、枪头等。

四、实验步骤

1. 培养基和溶液

斜面培养基：同第三章实验一。

发酵培养基（g/L）：葡萄糖 55、胰蛋白胨 36、磷酸氢二钠 0.1、磷酸二氢钾 4.5、硫酸镁 0.75、乙酸铵 3，pH5。

前体反应液（mmol/L）：L-谷氨酸 20、L-半胱氨酸 40、L-甘氨酸 40、氯化镁 80 溶解于 20 mmol/L pH7.0 磷酸缓冲液。

2. 细胞培养与收集

将 YEPD 斜面活化好的菌体接一环到发酵培养基中，并于 30 ℃、150 r/min 摇床中发酵 48 h。发酵液于 4 ℃离心去上清，生理盐水洗涤酵母细胞两次后置于 4 ℃待用。

3. 生物转化

向 0.5 g 湿菌体中加入 5 mL 含有不同浓度葡萄糖（0 g/L、20 g/L、40 g/L、60 g/L、80 g/L）的前体反应液，于 30 ℃、150 r/min 摇床中转化 2.5 h。

胞内对照组为不含有三种氨基酸的前体反应液，其余条件同上。

4. 胞内谷胱甘肽提取和测定

催化反应结束后离心，用生理盐水洗涤酵母细胞两次后重新悬浮于 15 mL 蒸馏水，沸水浴 9 min，冰水浴快速冷却后离心取上清液，采用 DTNB 法定量测定胞内谷胱甘肽含量。

五、实验结果

根据实验结果填写表 3-10。

表 3-10　葡萄糖浓度对酿酒酵母合成谷胱甘肽影响

反应液内葡萄糖浓度/（g/L）	胞内谷胱甘肽/（μg/g）
0	
20	
40	
60	
80	

六、思考题

列举构建 ATP 再生系统的方法，并说明其各自特点。

实验九　透性化酿酒酵母合成谷胱甘肽

一、实验目的

学习和掌握改变细胞膜透性解除产物抑制的原理。

二、实验原理

酵母细胞的细胞膜主要由磷脂双分子层和膜蛋白组成，与细胞壁一起控制细胞内外物质的传递和交换。细胞膜具有选择透过性，一些小分子物质如水、二氧化碳等可以自由进出细胞，而谷胱甘肽（GSH）是细胞内产物，一般情况下只在细胞内合成和积累，很少向细胞外分泌。当细胞内的 GSH 积累到一定浓度时，γ-L-谷氨酰-L-半胱甘酸合成酶（GSH-I）就会受到 GSH 的反馈抑制，使细胞内不能进一步合成 GSH。

如果细胞内一部分 GSH 向细胞外分泌，使细胞内和细胞外同时积累 GSH，不仅能够减弱甚至解除高浓度 GSH 的反馈抑制作用，而且能增加细胞合成 GSH 的总量（图 3-4），同时减少下游分离纯化的难度，降低生产成本和提高 GSH 的生产效率。通过物理化学或基因方法可以提高细胞通透性，有利于细胞内合成的 GSH 分泌到胞外，如强酸胁迫、有机溶剂处理细胞、表面活性剂处理细胞、细胞内超表达如某些基因等。其中有机溶剂如乙酸乙酯可破坏细胞膜上脂类物质之间的相互作用，导致细胞膜通透性发生改变，促使细胞内 GSH 分泌，从而有利于减轻产物的反馈抑制，提高 GSH 的总产量。

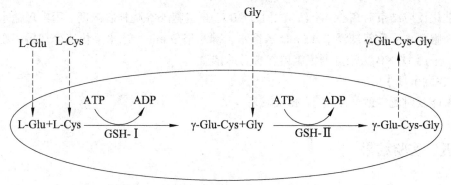

图 3-4　透性化酿酒酵母解除产物反馈抑制示意图

三、实验材料及主要药品、器具

1. 菌株与药品

L-谷氨酸、L-半胱氨酸、L-甘氨酸、氯化镁，丙酮、其余试剂与菌株见第三章实验一。

2. 仪器与用具

见第三章实验一。

四、实验步骤

1. 培养基和溶液

前体反应液（mmol/L）：L-谷氨酸 20、L-半胱氨酸 40、L-甘氨酸 40、氯化镁 80、葡萄糖 333，溶解于 20 mmol/L pH7.0 磷酸缓冲液。其余溶液同第三章实验二。

2. 细胞培养与收集

同第三章实验二。

3. 生物转化

向 0.5 g 湿菌体中加入 5 mL 含有不同浓度丙酮的前体反应液，于 30 ℃、150 r/min 摇床中转化 2.5 h。
胞内对照组为不含三种氨基酸的前体反应液，其余条件同上。
胞外对照组为不含细胞的前体反应液，其余条件同上。

4. 胞内和胞外谷胱甘肽提取和测定

催化反应结束后离心，上清液用 DTNB 法测定胞外谷胱甘肽浓度。用生理盐水洗涤酵母细胞两次后重新悬浮于 15 mL 蒸馏水，沸水浴 9 min，冰水浴快速冷却后离心取上清液，采用 DTNB 法定量测定胞内谷胱甘肽浓度。

【注意事项】
未能及时测定的样品放于 -80 ℃保存。

五、实验结果

根据实验结果填写表 3-11。

表 3-11　丙酮对酿酒酵母发酵谷胱甘肽的影响

丙酮体积 /（μg/mL）	细胞内谷胱甘肽量 /μg	细胞外谷胱甘肽量 /μg	胞外与胞内谷胱甘肽总量 /μg
0			
40			

丙酮体积 /（μg/mL）	细胞内谷胱甘肽量 /μg	细胞外谷胱甘肽量 /μg	胞外与胞内谷胱甘肽总量 /μg
60			
80			
100			

六、思考题

（1）简述控制培养基内生物素亚适量来调节细胞膜通透性，从而使得谷氨酸发酵完成其非积累型细胞到谷氨酸积累型细胞的转变机理。

（2）比较遗传学法（如油酸缺陷型突变株）、物理调控方法（如渗透压冲击与超声波处理）与化学调控方法（如表面活性剂、青霉素）改变细胞膜的优缺点。

实验十　溶氧对芽孢杆菌发酵 3-羟基丁酮的影响

一、实验目的

学习和掌握溶氧对芽孢杆菌发酵 3-羟基丁酮的影响，理解控制溶氧的方法。

二、实验原理

　　3-羟基丁酮作为一种新兴的平台化合物广泛应用于食品、化工、制药以及烟草等领域，2004 年美国能源部将其列为 30 种优先开发利用的平台化合物之一。3-羟基丁酮生产方法主要包括化学合成法、生物转化法和微生物发酵法。与化学合成法及生物转化法相比，微生物发酵法生产 3-羟基丁酮具有工艺简单、条件温和、环境友好、原料来源丰富且可以再生、产品可视为纯天然、安全性高等优点，是 3-羟基丁酮最经济可行的生产方法。

　　目前以葡萄糖或其他能够转化生成丙酮酸的化合物为底物发酵生产 3-羟基丁酮的代谢途径已经研究得比较清楚。在微生物体内，有两条 3-羟基丁酮的合成途径：两分子丙酮酸在 α-乙酰乳酸合成酶的作用下合成一分子 α-乙酰乳酸，α-乙酰乳酸在酸性条件下非酶自然氧化脱羧生成丁二酮，丁二酮又可在丁二酮还原酶或 2，3-丁二醇脱氢酶的作用下还原为 3-羟基丁酮，该氧化途径已得到大量生化、分子生物学的数据支持；另一条途径是在 α-乙酰乳酸合成后，经 α-乙酰乳酸脱羧酶生成 3-羟基丁酮（图 3-5）。

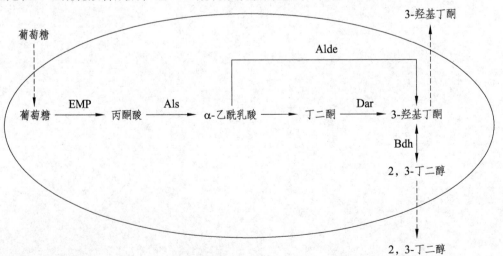

Als：α-乙酰乳酸合成酶；Dar：丁二酮还原酶；Alde：α-乙酰乳酸脱羧酶；Bdh：2，3-丁二醇脱氢酶。

图 3-5　细菌内 3-羟基丁酮代谢途径

大量文献和试验数据表明溶氧对该途径影响较显著。有研究表明，当溶氧浓度高于 100 ppb（十亿分比浓度）时，微生物开始分泌乙偶姻，而溶氧浓度低于 100 ppb 时，2,3-丁二醇是主要的产物，但过高的溶氧浓度将导致较高的菌体和二氧化碳，最终降低底物转化的总原子效率。但有趣的是，即使是两阶段溶氧策略，采用高溶氧-低溶氧模式与低溶氧-高溶氧模式对于不同的微生物乙偶姻产量往往出现相反的结果。因此控制溶氧策略是提高 3-羟基丁酮发酵效率的有效措施。

三、实验材料及主要药品器具

1. 菌 株

芽孢杆菌（*Bacillus sp.*）。

2. 药 品

氢氧化钠、肌酸、3-羟基丁酮、α-萘酚、葡萄糖、酵母膏、胰蛋白胨、硫酸镁、硫酸锰、磷酸氢二钾、硫酸亚铁。

3. 仪 器

灭菌锅、旋涡混合器、可见分光光度计、超净台、电子天平（感量为 0.01 g）、电子分析天平（感量为 0.000 1 g）、烘箱、离心机、恒温摇床、恒温培养箱、生物传感分析仪。

4. 用 具

烧杯、容量瓶、试剂瓶、量筒、玻璃棒、药匙、标签纸、纱布、棉花、锥形瓶、打火机、棉手套等。

四、实验步骤

1. 溶液配制

5 g/L 肌酸：取 0.5 g 肌酸用蒸馏水定容至 100 mL。

10 mg/L 3-羟基丁酮标准液：取 0.250 g 3-羟基丁酮用蒸馏水定容至 250 mL，吸取 1 mL 溶液定容至 100 mL，现用现配。

100 g/L 氢氧化钠：取 5 g 氢氧化钠用蒸馏水定容至 50 mI。

50 g/Lα-萘酚：取 2.5 g α-萘酚加入新鲜配制的氢氧化钠溶液并定容至 50 mL。

【注意事项】

氢氧化钠和 α-萘酚溶液现用现配。

2. 3-羟基丁酮标准曲线测定

分别取 3-羟基丁酮标准液 0 mL、0.5 mL、1 mL、2 mL、3 mL、4 mL 于 20 mL 具塞试管中，用蒸馏水补足至 6 mL，分别准确加入肌酸 1 mL，混匀。快速向上述溶液内分别加入 1 mL 新鲜配制的 α-萘酚，快速混合均匀，放入 60 ℃的水浴锅中，15 min 后取出，冷水冷却至室温，以不含 3-羟基丁酮的溶液为空白对照，用分光光度计分别测定其530 nm 吸光度。以 3-羟基丁酮浓度（g/L）为横坐标，对应的吸光值为纵坐标，计算机拟合 3-羟基丁酮标准曲线。

3. 培养基灭菌与接种

发酵培养基（g/L）：葡萄糖 150、酵母浸出粉 15、磷酸氢二胺 2、七水硫酸镁 0.2、一水硫酸锰 0.02、磷酸氢二钾 1、磷酸二氢钾 0.5、七水硫酸亚铁 0.02，自然 pH。121 ℃，灭菌 15 min 后待用。在超净台中，用接种环轻轻刮下一环斜面上的菌体到装有不同体积的发酵培养基（20 mL、35 mL、50 mL、65 mL、80 mL）上，放于 37 ℃、200 r/min 的摇床上发酵培养 96 h。

4. 发酵结果检测

3-羟基丁酮测定：取发酵液 3 mL，5 000 r/min 下离心 5 min，将上清液适当稀释后，从中吸取 1 mL 加入具塞试管，然后再加入 5 mL 蒸馏水、1 mL 肌醇，混匀，最后快速向上述溶液内加入 1 mL α-萘酚，快速混匀。放入 60 ℃的水浴锅中，准确反应 15 min 后，在 530 nm 处用分光光度计测定其吸光度值，将吸光值带入 3-羟基-2-丁酮标准曲线计算发酵液内产物浓度。

细胞干重测定：离心沉淀用生理盐水洗涤 2 次后，置于 105 ℃烘干至恒重，计算细胞干重。

残糖测定：采用 SBA-40C 型生物传感分析仪测定。

【注意事项】

发酵液摇匀后取样测细胞干重。

五、实验结果

（1）3-羟基丁酮标准曲线的测定见表 3-12。

表 3-12　3-羟基丁酮标准曲线测定

管号	1	2	3	4	5	6
蒸馏水体积/mL	5	4.5	4	3	2	1
3-羟基丁酮体积/mL	0	0.5	1	2	3	4
肌醇体积/mL	1	1	1	1	1	1
α-萘酚体积/mL	1	1	1	1	1	1
标准 3-羟基丁酮浓/（mg/L）	0	1	2	4	6	8
A_{530nm}						

（2）绘制 3-基丁酮标准曲线。

（3）根据实验结果填写表 3-13。

表 3-13　溶氧对芽孢杆菌发酵 3-轻基丁酮的影响

装液量/mL	细胞干重/（g/L）	残糖/（g/L）	3-羟基丁酮/（g/L）
20			
35			
50			
65			
80			

六、思考题

（1）简述溶氧对微生物代谢产物的影响。

（2）提高发酵溶氧的方法有哪些？

实验十一　变温发酵对兽疫链球菌产透明质酸的影响

一、实验目的

理解温度对微生物发酵的影响；学习和掌握变温策略，提高兽疫链球菌产透明质酸能力。

二、实验原理

透明质酸（hyaluronic acid，HA）化学名称为糖醛（玻璃）酸，由等摩尔的 D-葡萄糖醛酸和 N-乙酰氨基葡萄糖单体为结构单元，通过反复交替连接而组成的线形多糖结构。D-葡萄糖醛酸及 N-乙酰葡糖胺之间由 β-1，3-配糖键相连，双糖单位之间由 β-1，4-配糖键相连。分子式为$(C_{14}H_{20}NNaO_{11})_n$，分子质量为 10 万 ~ 200 万道尔顿。透明质酸及其盐广泛分布于机体的各种组织中，被广泛应用于医药、美容整形、食品保健和日化用品等领域。

透明质酸的制备方法主要有以动植物组织为原料的提取法和细菌发酵法。生产透明质酸的菌种主要是链球菌，例如马疫链球菌、兽疫链球菌和类马链球菌等。生物发酵法生产透明质酸较组织提取法具有不受动物等原料资源限制、品质可控、易于规模化生产、生产成本低等诸多优势。透明质酸的生物合成过程在各类微生物中基本一致。目前对链球菌中的透明质酸合成途径了解得比较清楚。在链球菌中透明质酸的合成从葡萄糖开始共 10 步反应（图 3-6）。

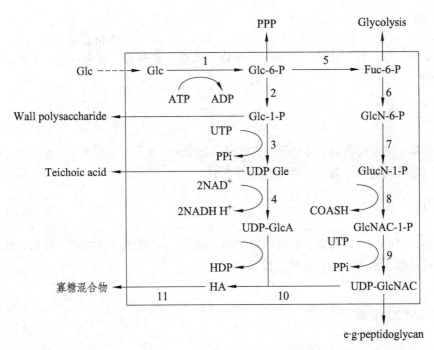

1：己糖激酶；2：葡萄糖磷酸变位酶；3：UDP 葡萄糖焦磷酸化酶；4：UDP-葡萄糖脱氢酶；5：葡糖磷酸异构酶；6：酰胺转移酶；7：变位酶；8：乙酰转移酶；9：焦磷酸化酶；10：透明质酸合成酶；11：透明质酸酶。

Glc：葡萄糖；Glc-6-P：6-磷酸葡萄糖；Glc-1-P：1-磷酸葡萄糖；UDP-Glc：尿核苷二磷酸葡萄糖；UDP-GlcA：尿苷二磷酸葡萄糖醛酸；Fuc -6-P：6-磷酸果糖；GlcN-6-P：6-磷酸 N-乙酰葡糖胺；GlcN-1-P：1-磷酸 N-乙酰葡糖胺；GlcNAC-1-P：1-磷酸乙酰氨基葡萄糖；UDP-Glc-NAC：尿苷二磷酸-N-乙酰氨基-葡萄糖；HA：透明质酸。

图 3-6　透明质酸生物合成途径简图

大量文献表明,温度对发酵过程的影响是多方面的,主要是影响各种酶反应的速率,影响微生物代谢调控机制，改变菌体代谢产物的合成方向以及影响发酵液的理化性质，进而影响发酵的动力学特性及产物的生物合成。一般而言，最适发酵温度是既适合菌体生长，又适合代谢产物合成的温度，但兽疫链球菌最适生长温度与最适透明质酸合成温度往往是不一致的。

三、实验材料及主要药品、器具

1. 菌　株

兽疫链球菌（*Streptococcus zooepidemicu*）。

2. 药 品

葡萄糖、蛋白胨、磷酸二氢钾、硫酸镁、琼脂、酵母膏、透明质酸、十六烷基三甲基溴化铵。

3. 仪 器

灭菌锅、旋涡混合器、可见分光光度计、超净台、天平、分析天平、水浴锅、烘箱、电热炉、冷冻离心机、摇床、生物传感分析仪。

4. 用 具

烧杯、容量瓶、试剂瓶、量筒、玻璃棒、药匙、pH 试纸、标签纸、纱布、棉花、锥形瓶、打火机、棉手套、移液枪、枪头等。

四、实验步骤

1. 透明质酸标准曲线的测定（十六烷基三甲基溴化铵法）

取 1 mL 不同浓度（20～300 μg/mL）的透明质酸溶液于试管中，加入 2 mL 25 g/L 十六烷基三甲基溴化铵试液，自加入时开始计时，轻轻振摇足够长时间，其间尽量避免反应液产生泡沫，静置至接近 10 min，在 530 nm 处测定吸光度。以透明质酸溶液浓度为横坐标，吸光值为纵坐标做标准曲线。

2. 培养基

斜面培养基（g/L）：葡萄糖 10、蛋白胨 5、磷酸二氢钾 1、硫酸镁 0.5、琼脂 20，pH7.0，121 ℃灭菌 15 min。

种子培养基（g/L）：葡萄糖 20、酵母膏 25、磷酸二氢钾 1、硫酸镁 3，硫酸锰 0.1，pH7.0，121 ℃灭菌 15 min。

发酵培养基（g/L）：葡萄糖 20、蛋白胨 10、酵母膏 5、磷酸二氢钾 2、硫酸镁 0.5，pH7.5，121 ℃灭菌 15 min。

3. 斜面活化与种子培养

斜面活化：将保藏菌种接入试管斜面培养基中画线培养，37 ℃培养 15 h。

种子培养：用 5 mL 无菌水洗试管斜面，菌液接入摇瓶中，装液量为 40 mL，在 200 r/min、37 ℃条件下培养 12 h。

4. 摇瓶发酵培养

恒温发酵：装液量为 75 mL 的摇瓶中，接种量 1 mL，用摇床在 200 r/min、不同温度（28 ℃、34 ℃、40 ℃）下培养 20 h，其中每隔 2 h 取样测值。

变温发酵：装液量为 75 mL 的摇瓶中，接种量 1 mL，用摇床在 200 r/min、34 ℃下培养 12 h 后采用 40 ℃发酵 8 h。

5. 发酵参数测定

发酵液内葡萄糖测定：采用 SBA-40C 型生物传感分析仪测定。
透明质酸测定采用十六烷基三甲基溴化铵法。

五、实验结果

（1）绘制透明质酸标准曲线。
（2）根据测定结果填写表 3-14。

表 3-14　温度发酵对兽疫链球菌产透明质酸的影响

发酵温度/℃	菌体干重/（g/L）	残糖/（g/L）	透明质酸/（g/L）
28			
34			
40			
34～40			

六、思考题

结合资料思考发酵温度如何影响兽疫链球菌产透明质酸。

实验十二　渗透胁迫对酿酒酵母产海藻糖的影响

一、实验目的

学习和掌握渗透胁迫提高发酵产物的原理。

二、实验原理

海藻糖化学名为 α-D-吡喃葡糖基-α-D-吡喃葡糖苷，是由两个葡萄糖分子以 α，α，-1，1-糖苷键构成的非还原性双糖。在恶劣环境下，海藻糖表现出对物种的生物膜、蛋白质、核酸等生物大分子良好的保护作用，因而被称为"生物之糖"，现广泛用于医药、食品、化妆品及农业等各个方面。

目前生产海藻糖的方法有三种：生物细胞抽提法、酶合成法和微生物发酵法。微生物发酵法具有用时短、易操作、杂质低等诸多优点，是一个潜在的可以获得高纯度海藻糖的方法。目前可利用的微生物主要包括酵母和革兰阳性菌。研究表明，海藻糖合成与代谢在不同生物中采用不同的途径，不同的营养及环境刺激可以引发不同的合成途径，迄今已报道了 5 条合成途径。海藻糖合成途径分布最广泛的一条如图 3-7 所示，包括 2 步酶促反应，分别由海藻糖-6-磷酸合成酶（TPS）和海藻糖-6-磷酸酶（TPP）催化。TPS催化葡萄糖从 UDP-葡萄糖向葡萄糖 6-磷酸转移形成海藻糖-6-磷酸和 UDP，TPP 进一步将磷酸集团脱掉形成海藻糖。与多样化的合成途径相比，海藻糖的分解代谢途径则略显简单，除了毕赤酵母是利用海藻糖磷酸化酶来分解海藻糖外，其他生物对海藻糖的分解大都都是通过海藻糖酶（TreH）来实现的。

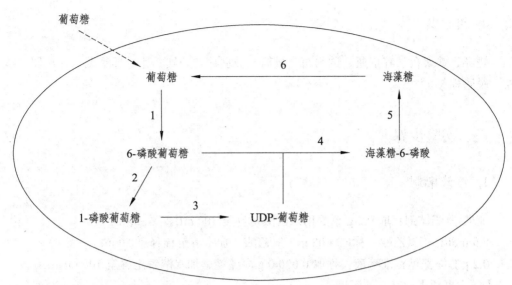

1：己糖激酶；2：葡萄糖磷酸变位酶；3：UDP 葡萄糖焦磷酸化酶；4：海藻糖-6-酸合成酶；

5：海藻糖-6-磷酸磷酸酶；6：海藻糖酶（或海藻糖磷酸化酶）。

图 3-7　酵母胞内 TPS -TPP 途径合成海藻糖

　　海藻糖的生成量是由合成和代谢平衡调节的，并随环境而变化。大量研究表明，当细胞处于胁迫条件时，酵母胞内海藻糖含量迅速上升。如高温、高渗、饥饿胁迫等大大提高了海藻糖含量，为工业化生产提供了可行性。

三、实验材料及主要药品、器具

1. 菌　株

酿酒酵母（*Saccharomyces cerevisiae*）。

2. 药　品

蔗糖、酵母粉、硫酸铵、氯化钠、海藻糖、硫酸、蒽酮、三氯乙酸、琼脂、酵母膏、磷酸二氢钾、硫酸镁、硫酸铵、磷酸氢二钠。

3. 仪　器

超低温冰箱、自动灭菌锅、旋涡混合器、可见分光光度计、超净台、电子天平（感量为 0.01 g）、电子分析天平（感量为 0.000 1 g）、烘箱、普通离心机、恒温摇床、恒温培养箱、pH 计、制冰机、生物传感分析仪。

4. 用　具

烧杯、铁架台、容量瓶、试剂瓶、量筒、玻璃棒、药匙、冰、标签纸、移液器、纱布、脱脂棉等。

三、实验步骤

1. 溶液配制

硫酸-蒽酮试剂：取 0.2 g 蒽酮用浓硫酸定容至 100 mL。

0.5 mol/L 三氯乙酸：称取 4.08 g 三氯乙酸，加水溶解稀释至 50 mL。

0.2 g/L 海藻糖标准溶液：称取 0.020 0 g 海藻糖，加水溶解定容至 100 mL。

【注意事项】

硫酸-蒽酮试剂现配现用，注意安全。

2. 培养基

斜面培养基（g/L）：酵母膏 10、蛋白胨 20、琼脂 20、葡萄糖 20，自然 pH，加热溶解后蒸馏水定容到 1 L。分装于试管后，121 ℃，灭菌 15 min 后摆成斜面，待培养基凝固后保存于 4 ℃冰箱中待用。

种子培养基（g/L）：葡萄糖 20、酵母膏 5、蛋白胨 3、磷酸二氢钾 1.5、硫酸镁 0.2、硫酸铵 4、磷酸氢二钠 1.5，调节 pH 7.0。分装于 250 mL 三角瓶（每瓶 50 mL）后，121 ℃灭菌 15 min。

对照组发酵培养基（g/L）：蔗糖 10、酵母粉 4、硫酸铵 4、硫酸镁 0.2、硫酸锰 0.1、磷酸氢二钾 3、氯化钠（0～40），pH6.5。分装于 250 mL 三角瓶（每瓶 50 mL）后，121 ℃灭菌 15 min。

3. 接种和发酵

在微生物超净工作台中，用接种环轻刮下一环菌体到斜面培养基，于培养箱中培养 48 h；用接种环轻刮下一环斜面上的菌体到种子培养基内，放于 35 ℃、150 r/min 的摇床上培养 12 h；用移液枪吸取 5 mL 种子液至发酵培养基内，放于 35 ℃、150 r/min 的摇床中发酵培养 60 h。

4. 海藻糖标准曲线的测定

取 6 支具塞刻度试管，分别按表 1 顺序加入海藻糖标准溶液、蒸馏水和蒽酮溶液。将上述各试剂依次混匀后，在沸水浴中加热 2 min，然后立即用流动冷水冷却，充分混匀后，用 1 号管溶液调零，在 590 nm 波长下测 2~7 号管溶液的吸光值。以海藻糖浓度（g/L）为横坐标，吸光值为纵坐标，绘海藻糖标准曲线。

5. 发酵产物测定

发酵液在 5 000 r/min 下离心 10 min，用生理盐水洗涤菌体两次，取 1 g 湿酵母于 50 mL 离心管并加入 8 mL 三氯乙酸溶液，冰水浴 30 min 后离心收集上清液。取 2 mL 适当稀释的上清液于 20 mL 具塞试管中，加入 8 mL 硫酸蒽酮试剂（空白为 2 mL 三氯乙酸 + 8 mL 硫酸-蒽酮试剂），混匀，快速放于沸水中煮 2 min 后取出，冷水冷却至室温，用分光光度计测定其在 590 nm 处吸光值，将吸光值带入海藻糖标准曲线，结合细胞量计算细胞中海藻糖量（mg/g）。

四、实验结果

（1）海藻糖标准曲线的测定（表 3-15）。

表 3-15 海藻糖标准曲线的测定

管 号	1	2	3	4	5	6
蒸馏水体积/mL	2	1.8	1.6	1.2	0.8	0.4
海藻糖标准溶液体积/mL	0	0.2	0.4	0.8	1.2	1.6
蒽酮试剂/mL	8	8	8	8	8	8
海藻糖浓度/（mg/L）	0	20	40	80	120	160
A_{590nm}						

（2）绘制海藻糖标准曲线。

（3）根据实验数据填写表 3-16。

表 3-16 渗透胁迫对酿酒酵母产海藻糖的影响

氯化钠浓度/（g/L）	产物吸光值	细胞内产物质量分数/%
0		
10		
20		
30		
40		

五、思考题

举例说明提高酵母细胞内海藻产量的其他胁迫发酵策略。

实验十三　从果皮上分离、纯化酵母菌
及相关耐性实验

一、实验目的

学会分离和纯化培养酵母菌的技术和方法，了解酵母耐糖、耐酒精、耐酸和耐高温实验的原理及在选育中的应用，并掌握其相关的酵母鉴定操作技术。

二、实验原理

大多数酵母菌为腐生，其生活最适 pH 为 4.5～6.0，常见于含糖分较高的环境中，例如果园土、菜地土及果皮等植物表面。葡萄表面除长有酵母菌外，还含有李斯特菌、大肠杆菌、金黄色葡萄球菌、镰刀菌、假单胞菌属（好氧）、青霉菌（好氧）等几种菌。酵母菌生长迅速，易于分离培养，在液体培养基中，酵母菌比霉菌生长得快。利用酵母菌喜欢酸性环境的特点，常用酸性液体培养基进行富集培养获得酵母菌培养液（这样做的好处是酸性培养条件则可抑制细菌的生长），然后在固体平板上反复（不少于 3 次）画线分离，直到分离出纯菌株。

糖源不仅为酵母繁殖提供能源，而且是乙醇发酵的底物，但过多的糖不利于酵母的繁殖和乙醇的发酵，不同的菌株有不同的最适蔗糖浓度；酵母在糖液中发酵，不断地将糖发酵为乙醇，但是当乙醇在发酵液中积累到一定浓度时，对酵母细胞产生毒害效应。不同的酵母菌株有不同的耐酒精能力，每一种酵母都有其忍耐的最高酒精浓度；酒精发酵易被一些不耐酸的微生物污染，造成污染；酵母的繁殖需要一定的温度，温度过低或过高，均不生长。高温常会引起酵母细胞内脂肪酸、磷脂、麦角固醇等成分变化，进而影响细胞本身正常生理活动，高温发酵还能实现边糖化边发酵。酵母的这个特性是衡量发酵能力的重要指标，在酿造工业中有重要意义，常作为酵母选育目标。

三、实验材料及主要药品、器具

1. 材　料

成熟葡萄、苹果、马铃薯。

2. 试剂及药品

0.1%美蓝染液、75%的酒精、葡萄糖、吐温、无菌水。

3. 仪　器

天平、电炉、高压灭菌锅、超净工作台、显微镜、恒温培养箱。

4. 用　具

接种针、接种环、涂布棒、培养皿、试管、三角瓶、酒精灯、滤纸、移液器。

四、实验步骤

1. 培养基的配制

（1）PDA 培养基（g/L）：马铃薯 200、葡萄糖 20、琼脂 15～20。配制方法：先将马铃薯去皮，切块，称 200 g 并加蒸馏水 1 000 mL，煮沸半小时，用纱布过滤，补足蒸馏水量至 1 000 mL，制成 20%的马铃薯汁，加入琼脂，煮沸溶化，加入葡萄糖，补足水分，121 ℃条件下高压灭菌 15 min，制成固体平板，或不加琼脂，制成液体培养基。

（2）乳酸马铃薯葡萄糖培养液：配方同上，但不加琼脂而加乳酸，按每 1 000 mL 培养液中含 5 mL 乳酸的量加入，并分装试管和三角烧瓶，121 ℃条件下高压灭菌 15 min。

2. 富集培养

工作台上取不同品种葡萄的一小块葡萄皮，不需冲洗，直接接入乳酸马铃薯葡萄糖培养液管中（或用一支无菌棉签，沾一点无菌水或无菌生理盐水，在有白霜的葡萄表面擦一擦，然后放到液体培养基中涮一涮），置 28～30 ℃、200 r/min，培养 24 h，可见培养液变混浊。

3. 培养分离

将上述培养液稀释成 10^{-2}、10^{-3}、10^{-4} 三种稀释浓度，涂布在 PDA 培养基平板上，在 30 ℃培养 48 h，培养皿内出现平滑、有光泽、边缘整齐的呈乳白色小点的菌落即为酵母菌落。挑取单个菌落反复画线分离纯化，最终可获得纯培养。

4. 观　察

无菌操作条件下，取少许菌液置于载玻片中央的 0.1%美蓝染色液中，混匀后加盖玻片制成水浸片（注意防止气泡产生），先用低倍镜后换高倍镜观察酵母菌的形态和出芽生殖情况。活酵母菌还原力强，可使美蓝还原，从而使活菌体不着色，而死酵母或代谢缓慢的老细胞无还原力，被染色，用此方法可判断酵母菌的死活。

5. 耐糖实验

葡萄汁中加入砂糖或蒸馏水，将葡萄汁的含糖量分别调整至 10%、20%、30%、40%、50%五个浓度，装入试管，每管装量为 20 mL，100 ℃杀菌，冷却后，挑取单菌落接入，测定发酵速率在整个发酵过程中的变化。每 8 h 测定一次 OD 值。

6. 耐酒精实验

将筛选出的酵母接种在酒精浓度已调整为 6%、8%、10%、12%、14%的液体 YPD 培养基中，28 ℃培养 72 h，测不同酒精浓度下酵母菌的 OD_{600} 与发酵力。

7. 耐酸实验

将筛选出的酵母接种在 pH 已调整为 1.5、2.0、2.5、3.0、3.5 的液体 YPD 培养基中，28 ℃培养 72 h，测不同 pH 条件下酵母菌的 OD_{600} 与发酵力。

8. 耐高温度实验

配制 PDA 液体培养基 15 瓶，按 10%的接种量接入筛选出的酵母菌，封口。按标签各置 25 ℃、30 ℃、35 ℃、40 ℃、42 ℃培养箱中摇菌。每个处理 3 瓶，以初始培养基为对照，测不同温度下酵母菌的 OD_{600} 与发酵力。

9. 酵母保藏

将酵母接种在 YEPD 固体培养基试管斜面上，放置于 4 ℃冰箱中短期保存。加入 15%甘油在超低温冰箱中可较长时间地保存。

五、实验结果

（1）统计分离纯化出的酵母菌的生长速度、繁殖方式、菌落形态（大小、厚薄、颜色、质地光泽、表面纹饰、边缘整齐度）、产生的气味等感官指标。

（2）统计筛选出的酵母菌株在各个糖浓度、乙醇浓度、不同 pH 和不同温度下的生长情况，确定最佳耐受浓度和水平。

六、思考题

（1）酵母的生长习性及繁殖方式有哪些？
（2）酵母进行酒精发酵的机理及酿酒工业中选育目标是什么？
（3）分离及纯化酵母的方法。

实验十四　果酒酵母的活化及扩大培养

一、实验目的

学习并掌握果酒酵母的活化及扩大培养的方法和操作步骤，熟悉活化过程中的现象；掌握用血细胞计数板对扩大培养酵母进行计数的方法，观察并认识酵母的形态，通过酵母形态大概判断其活性。

二、实验原理

酵母经过低温保藏时，酶活力极低、代谢停止，不能直接用于发酵。在酿酒发酵前，必须先活化，将其接种到固体斜面或平板上让酵母活力恢复，各种酶、代谢恢复正常。在果酒发酵中，接种量一般应为果汁的 10%（使发酵液中的酵母量达 1×10^7 个酵母/mL）。在进行果酒发酵之前，必须准备好足够量的发酵菌种，因此要进行大规模的发酵，首先必须进行酵母菌种的扩大培养，扩大培养时逐渐降低温度。扩大培养的目的一方面是获得足量的酵母，另一方面是使酵母由最适生长温度（28 ℃）逐步适应为发酵温度（10 ℃）。

三、实验材料及主要药品、器具

1. 材　料

酵母菌种、成熟葡萄、马铃薯。

2. 药　品

75%的酒精、葡萄糖。

3. 仪　器

天平、电炉、高压灭菌锅、超净工作台、显微镜、恒温培养箱、榨汁机。

4. 用　具

接种针、接种环、试管、三角瓶、卡氏罐、酒精灯、滤纸、移液器、血细胞计数板。

四、实验步骤

1. 果酒酵母的活化

从冰箱中取出种子试管，无菌条件下，挑取试管菌种，在 PDA 试管斜面培养基上画线，28 ℃培养 2~3 d，长出单菌落。

2. 果酒酵母的扩大培养

一级培养：取新鲜葡萄汁液，分装在两支试管中，每支装 10~20 mL，加棉塞，牛皮纸封口；在 0.06~0.10 MPa 压力下灭菌 30 min，冷却至常温，接入纯酵母菌 1~2 针，摇动分散，在 25~28 ℃下培养 24~48 h，使发酵旺盛，用血细胞计数板计数，判断发酵与细胞密度的关系。

二级培养：用灭过菌的三角瓶（1 000 mL），装鲜果汁 500 mL，如上法灭菌，接入培养旺盛的试管酵母液两支，在 25~28 ℃下培养 24~28 h，待发酵旺盛期过后使用。

三级培养：使用经过灭菌的卡氏罐或 10~20 L 的大玻璃瓶，盛鲜果汁占容量的 70%，灭菌方法同前。或采用 1 L 果汁中加入 150 mL 二氧化硫杀菌，放置一天后再接种酵母菌，即接入二级培养的菌种，接种量为培养液的 2%~5%，在 25~28 ℃培养 24~48 h，发酵旺盛可供再扩大用，或移入发酵缸、发酵池进行发酵。

五、实验结果

（1）观察酵母活化培养后的菌落生长情况。
（2）观察酵母扩大培养过程中，酵母的生长情况及表现。

六、思考题

（1）经过低温保藏的酵母菌种在使用前为什么需要经过活化？
（2）酵母的扩大培养为什么需要逐级扩大？

实验十五　果酒的酿造

一、实验目的

学习并掌握果酒酿造所用原料和发酵剂及其要求，掌握果酒酿造的原理及工艺。

二、实验原理

果酒是以水果为原料，在酵母的作用下，水果中的糖分被发酵为酒精，再在陈酿、澄清过程中经过酯化、氧化及沉淀等作用，使之成为酒质清晰、色泽美观、醇和芳香的产品。因此，果酒的酿造要经历酒精发酵和陈酿两个阶段，在这两个阶段中发生着不同的生物化学反应，对果酒的质量起着不同作用。在有氧环境中，酵母进行有氧呼吸，将葡萄糖转化为水和 CO_2；无氧条件下酵母菌进行酒精发酵，将糖类经过糖酵解得到丙酮酸、再通过乙醛途径被分解形成乙醇。在酒精发酵的过程中，形成了甘油、乙醛、醋酸、琥珀酸、乳酸、双乙酰、乙偶姻、高级醇、脂类等发酵副产物。溶有 CO_2 的果酒称为香槟酒，酒度稀薄的香槟酒则称为果汁汽酒。酿造果酒经过蒸馏可得到白兰地。原则上所有含糖丰富的水果皆可用来酿造果酒，目前市面上常见的果酒有葡萄酒、苹果酒、李子酒、柿子酒、橘子酒、菠萝酒、石榴酒等。

三、实验材料及主要药品、器具

1. 材　料

经过扩大培养的果酒酵母、成熟新鲜葡萄、菠萝、石榴。

2. 药　品

调硫片、白砂糖、果胶酶、皂土、纤维素酶。

3. 仪　器

天平、榨汁机、高压灭菌锅、培养箱。

4. 用　具

玻璃瓶、比重计、酸度计、过滤网。

四、实验步骤

（一）红葡萄酒的酿造

1. 原料清洗

葡萄（赤霞珠、蛇龙珠等）整穗用清水漂洗去杂质，晾干。

【注意事项】

清洗的目的是将表面可能残留的农药、灰尘清除掉，若是采用无公害葡萄也可以不用清洗。是否需要清洗，因人因葡萄而异。清洗时不要用手刻意洗掉葡萄果粒表面的白膜。这层白膜上还附着一些酵母菌，这些野生酵母菌有时会对葡萄的发酵起有益作用。在法国，葡萄的种植基本上没有使用农药，所以酒庄很少清洗葡萄。

2. 葡萄破碎

将葡萄粒和调硫片（直接加入）一起捣碎，可用压榨机，出汁率一般为 60% ~ 70%。

【注意事项】

葡萄破碎只需稍微破皮就行，过度破碎容易导致葡萄酒悬浮物过多，不利于后期澄清，也容易导致过度浸渍，导致葡萄酒苦味重。

3. 添加果胶酶

将葡萄醪液转移到一个发酵容器内，上面留取 20% 左右的空隙，加入果胶酶静置 2 ~ 4 h，充分分解果胶。

【注意事项】

1 g 果胶酶用 10 g 纯净水溶解即可。添加果胶酶可以提高出汁率，在澄清、增香、提升口感方面比较突出。

4. 添加酵母

若是干酵母，先将酵母活化，活化方法是用含糖量 5% 的糖水（温度 30 ~ 38 ℃）溶解酵母，一般比例是 1 g 酵母用 10 g 水，15 ~ 25 min 后有细腻泡沫出现即为活化成功，后加入葡萄醪液中，轻微搅拌；或将前一个实验经过活化、扩大培养的酵母按 2% ~ 4% 的接种量接入葡萄汁中。

5. 控制发酵

发酵温度控制在 20 ~ 28 ℃ 之间，发酵前 3 d 每天摇晃或者搅拌 1 ~ 3 次，一般需要 5 ~ 8 d。

【注意事项】

发酵期间不可密封,可以用2层纱布封口。室温高,液温达28～30 ℃时,发酵时间快,大约几小时后即听到蚕食桑叶似的沙沙声,果汁表面起泡沫,这时酵母菌已将糖变成酒精,同时释放CO_2。如果迟迟不出现这种现象,可能因果汁中酵母菌过少或空气不足,或温度偏低,应及时添加发酵旺盛的果汁,或转缸,或适当加温;温度过高对发酵品质的影响很大。

6. 加　糖

当发酵进行到第二天的时候,可以根据检测的糖度和最终要酿的酒度,计算添加白砂糖的数量,计算公式以17 g/L的糖转化为1度酒精。

【注意事项】

一般5 kg葡萄可以加500 g糖,能增加5度左右,加上葡萄自身糖分发酵的度数,最终能达到12～14个酒精度(这是干酒)。如果要喝甜葡萄酒,可添加1 kg白砂糖,或者以个人口味添加;也可添加发酵助剂和单宁,给酵母提供氮元素、生长因子和单宁。

7. 发酵结束判定

发酵高峰过后,液温又逐渐下降,声音也沉寂,气泡少,甜味变淡,酒味增加。用比重计测量读数小于1.0时,证明主发酵阶段基本结束,一般是5～7 d发酵结束,结束后立即进行过滤(最多可以多浸泡一天)。

8. 过　滤

先用虹吸管将中间的清酒液用虹吸管转移出来,这个酒液是自留汁,酒质较好,然后用纱布或尼龙网袋把皮渣中的酒挤压出来,这是压榨汁,酒质较差,单独存放,两者不要掺和。

【注意事项】

① 酒精发酵(主发酵)结束后可以立即进行苹果酸-乳酸发酵(二次发酵),也可以跳过直接进入陈酿阶段。自然启动一般需半个月到半年,期间要满罐储存;添加乳酸菌可以快速启动。

② 并不是所有的葡萄品种都适合苹果酸-乳酸发酵,也并非所有的葡萄酒都会自然启动苹果酸-乳酸发酵。对于酿酒葡萄可以进行二次发酵,鲜食葡萄如玫瑰香、巨峰不用进行二次发酵,直接进行下面的澄清处理。

9. 澄　清

对自留汁和压榨汁分别加入澄清剂皂土或蛋清粉搅拌,可以常温静置15～30 d澄清,也可以放入冰箱保鲜层4～7 d澄清,用虹吸管分离出上清液层,澄清期间要满罐密封保存。

皂土使用前先膨化，膨化方法：1 g 皂土用 10 g，38 ℃纯净水搅拌均匀，放置 12 ～ 24 h，变均匀后加入酒液中；蛋清粉用 10 倍纯净水溶解后可以直接加入。

10. 储 存

将果酒转入小口酒坛中，密封满罐贮藏。

（二）菠萝酒的酿造

1. 原料破碎

除去皮的菠萝果肉用旋转式破碎机或搅拌机等进行破碎，破碎液中含有果汁和纤维。

2. 酶分解

破碎液加入纤维素分解酶，使纤维分解成可发酵性糖。所用纤维素分解酶是普通的纤维素酶。每 100 kg 破碎液的用酶量为 100 g。酶处理条件为 30 ℃、1 h。破碎液经酶处理后，由于纤维素被分解，所以破碎液逐渐变清，而纤维素最终被转化成可发酵性糖，这里所说的可发酵性糖，即指能被酵母同化的糖，主要是 β-D-葡萄糖。

3. 发 酵

酶处理液，调 pH3.5，糖含量 260 g/L，再加酵母进行发酵。所用酵母为果酒酵母或啤酒酵母。酵母先进行扩大培养，培养好的培养液（称之为酒母）先离心收集菌体。20 ～ 24 ℃，发酵期 1 周左右，当糖度降到 1% ～ 2%时即可停止发酵。

4. 过滤后熟

发酵结束后，用过滤法除去发酵液中的沉淀杂质之后，再进行后发酵，大概 1 个月。然后陈酿，在陈酿过程中，有条件的可以进行冷、热处理。这样可除去酒中的冷、热凝集物，使酒清亮透明，分装后灭菌。一般巴氏灭菌温度为 75 ℃，维持 15 min。但果酒中所含酒精可以起到一定的灭菌作用，考虑酒精因素，对灭菌温度可作扣减。资料上的经验公式为：葡萄酒巴氏灭菌温度 = 75 - 1.5 × 酒精度。

举例：若葡萄酒目标酒度为 12 度，则巴氏灭菌温度为：75 - 1.5 × 12 = 57（℃）。这样生产出的菠萝酒为葡萄酒型的酒，酒精度约为 8%，菠萝酒的得率为破碎液的 60%。

5. 蒸 馏

把上述的发酵液进行蒸馏后，即生产出白兰地型的菠萝酒，其酒精度为 40% 左右。由以上可以看出，菠萝破碎液用纤维素分解处理后，由于纤维被转化成可发酵性糖，所以纤维素成分得到充分利用，因此，使制成的葡萄酒型或白兰地型菠萝酒的酒精度较高。

（三）石榴酒酿造

1. 榨　汁

石榴去皮，破碎得到石榴汁，添加调硫片和果胶酶。

2. 接种酵母及糖

接种果酒酵母开始进行发酵，在发酵的第二天添加白砂糖至总糖的 20%～28%，控制温度在 18～25 ℃进行发酵 5～7 d。

3. 澄清后熟

分离上清液，添加皂土进行澄清，1 周后转罐得到石榴清酒，装入容器中满瓶陈酿。

五、实验结果

（1）观察葡萄酒、菠萝酒和石榴酒酿造过程中外观的变化。
（2）经过陈酿后，品尝酒并做出评价。

六、思考题

（1）酒的分类，果酒酿造的原理。
（2）果酒酿造过程中成分及感官变化。

一、实验目的

（1）学习麦芽汁培养基制备及酵母菌种扩大培养方法，为实验室啤酒等酒的发酵准备菌种；

（2）学习并掌握啤酒酿造的工艺及发酵条件的控制。

二、实验原理

在进行啤酒发酵之前，必须准备好足够量的发酵菌种。在啤酒发酵中，接种量一般应为麦芽汁量的10%（使发酵液中的酵母量达 1×10^7 个酵母/mL），因此，要进行大规模的发酵，首先必须进行酵母菌种的扩大培养。扩大培养的目的一方面是获得足量的酵母，另一方面是使酵母由最适生长温度（28 ℃）逐步适应为发酵温度（10 ℃）。

啤酒发酵包括麦芽制造、麦汁制备、接种酵母发酵和澄清、杀菌、包装等步骤。

（1）通过麦芽制造使大麦中的酶活化并产生各种水解酶，使胚乳中的成分在酶的作用下达到适度溶解，在麦芽干燥过程中除去多余的水分，去掉绿麦芽的生腥味，产生啤酒特有的色、香和风味成分，从而满足啤酒对色泽、香气、味道、泡沫等的特殊要求。

（2）麦汁制备包括原料糖化、麦醪过滤和麦汁煮沸等几个过程。糖化是指利用麦芽本身所含有的各种水解酶（或外加酶制剂），在适宜的条件（温度、pH、时间等）下，将麦芽和辅助原料中的不溶性高分子物质（淀粉、蛋白质、半纤维素等）分解成可溶性的低分子物质（如糖类、糊精、氨基酸、肽类等）的过程。传统的糖化方法主要有煮出糖化法（利用酶的生化作用及热的物理作用进行糖化的一种方法）和浸出糖化法（纯粹利用酶的生化作用进行糖化的方法）。煮出糖化分为单醪和双醪，根据煮出次数又可分为一次、二次和三次煮出糖化法。目前国内绝大多数企业生产淡色啤酒都采用二次煮出法进行糖化，深色啤酒采用三次煮出糖化法。过滤就是把麦汁和麦糟分离获得澄亮和较高得率的麦汁，方法有过滤槽法、压滤机法和快速过滤法。目前国内多数啤酒生产企业主要采用过滤槽法。对过滤后的麦汁要进行煮沸，煮沸的过程中要添加酒花，煮沸的目的：浓缩麦汁、蛋白质变性和絮凝、酒花有效成分的浸出、钝化酶及杀菌、挥发掉酒花油中的异味物质、产生类黑精等还原性物质。煮沸要有一定的煮沸强度、时间和pH，一般煮沸强度以 8%～12%为宜，煮沸时间为 1.5～2 h，pH = 5.2。酒花的添加量为麦汁总量的0.1%～0.2%，一般分三次添加，第一次在麦汁初沸时加入，为总量的五分之一；第二次在麦汁煮沸后 40～50 min 加入，为总量的五分之二；第三次在结束麦汁煮沸前 10 min 加入，为总量的五分之二。由于麦芽的价格相对较高，再加上发酵过程中需要较多的糖，因此目前大多数工厂都用大米做辅料。

（3）麦芽粉经过糖化、煮沸后得麦芽汁，在酵母的作用下形成啤酒。啤酒主发酵是静止培养的典型代表，是将酵母接种至盛有麦芽汁的容器中，在一定温度下培养的过程。由于酵母菌是一种兼性厌氧微生物，先利用麦芽汁中的溶解氧进行好氧生长，然后利用 EMP 途径进行厌氧发酵生成酒精。显然，同样体积的液体培养基用粗而短的容器盛放比细而长的容器，氧更容易进入液体，因而前者降糖较快（测试啤酒生产用酵母菌株的性能时，所用液体培养基至少要 1.5 m 深，才接近生产实际）。定期摇动容器，既能增加溶氧，也能改善液体各成分的流动，最终加快菌体的生长过程。这种有酒精产生的静止培养比较容易进行，因为产生的酒精有抑制杂菌生长的能力，容许一定程度的粗放操作。由于培养基中糖的消耗，CO_2 与酒精的产生，比重不断下降，可用糖度表监视。

三、实验材料及主要药品、器具

1. 材　料

啤酒酵母、麦芽粉、大米粉、啤酒花。

2. 药　品

调硫片、白砂糖、果胶酶、皂土、纤维素酶。

3. 仪　器

天平、水浴锅、灭菌锅、恒温培养箱、生化培养箱、显微镜。

4. 用　具

比重计、酸度计、玻璃瓶、试管、纱布。

四、实验步骤

（一）啤酒酵母的活化及扩大培养

（1）取 20 g 麦芽，用植物粉碎机将其粉碎放入三角瓶中。

（2）加入 100 mL 70 ℃自来水于 70 ℃保温一段时间，碘液检测无蓝色即糖化完全。

（3）糖化液用 4～6 层纱布过滤，滤液不混浊，并收集滤液，将滤液稀释到 8°P，分装试管和三角瓶，经 0.1 MPa 高压杀菌 20 min，冷却备用。

【注意事项】

灭菌后的培养基会有不少沉淀，这不影响酵母菌的繁殖。若要减少沉淀，可在灭菌前将培养基充分煮沸并过滤。

（4）从试管斜面上挑取已活化的单菌落接入麦芽汁培养基中。

接种 10 mL 麦汁试管→20 ℃，2 d（每天摇动 3 次）→200 mL 麦汁三角瓶→15 ℃，2 d（每天摇动 3 次）→计数备用。

（二）啤酒的酿造

1. 糖化用水量的计算

糖化用水量一般按下式计算：
$$W = A(100-B)/B$$
式中 B 为过滤开始时的麦汁浓度（第一麦汁浓度）；A 为 100 kg 原料中含有的可溶性物质（浸出物重量百分比）；W 为 100 kg 原料（麦芽粉）所需的糖化用水量（L）。

例：我们要制备 60 L、10 度的麦芽汁，如果麦芽的浸出物为 75%，请问需要加入多少麦芽粉？

因为 $W = 75(100-10)/10 = 675(L)$，

即 100 kg 原料需 675 L 水，则要制备 15 L 麦芽汁，大约需要添加 2.5 kg 的麦芽和 15 L 左右的水（不计麦芽溶出后增加的体积）。

2. 糖　化

（1）浸出糖化法：35～37 ℃，保温 30 min→50～52 ℃，保温 60 min→65 ℃，保温 30 min（至碘液反应基本完全）→76～78 ℃。

（2）单醪一次煮出糖化法：糖化锅中按比例加入麦芽粉和水（料水比 = 1 : 3.5～4.0），用乳酸调 pH < 5.4，35 ℃保温 30 min，30 min 内升温到 50 ℃，保温 30 min，30 min 内升温到 63～70 ℃，维持 30 min，碘液检测糖化完全。取出 1/3～1/2 体积的糖化醪打入到糊化锅，煮沸 10 min，打回糖化锅中，这时的糖化醪温度为 76～78 ℃。

（3）单醪二次煮出糖化法：糖化锅中按比例加入麦芽粉和水（料水比 = 1 : 3.5～4.0），用乳酸调 pH < 5.4，35 ℃保温 30 min，30 min 内升温到 50～52 ℃，保温 60 min，取出部分醪液打入糊化锅，煮沸 30 min，再打入糖化锅，此时的温度升温到 63～70 ℃，糖化至碘液检测糖化基本完全，取出 1/3～1/2 体积的糖化醪打入到糊化锅，煮沸 10 min，打回糖化锅中，这时的糖化醪温度为 76～78 ℃。

（4）双醪一次煮出糖化法：糖化锅中按比例加入麦芽粉和水（料水比 = 1 : 3.5～4.0），用乳酸调 pH < 5.4，35～37 ℃保温 30 min，30 min 内升温到 50～52 ℃，保温 40～120 min。糊化锅内辅料按比例加水，大米用量为原料用量的 30%，料水比为 1 : 5，45 ℃保温 20 min，10 min 内升温到 70 ℃并维持 20 min，10 min 内升温到 100 ℃，

煮沸 40 min。然后将糊化醪打入糖化锅内，糖化锅此时的温度升温到 63～70 ℃，糖化至碘液检测糖化基本完全，取出 1/3～1/2 体积的糖化醪打入到糊化锅，煮沸 10 min，打回糖化锅中，这时的糖化醪温度为 76～78 ℃，维持 10 min。

（5）双醪二次煮出糖化法：糖化锅中按比例加入麦芽粉和水（料水比 ＝ 1∶3.5～4.0），用乳酸调 pH ＜ 5.4，35～37 ℃保温 30 min。糊化锅内辅料按比例加水，大米用量为原料用量的 30%，料水比为 1∶5，45 ℃保温 20 min，10 min 内升温到 70 ℃并维持 20 min，15 min 内升温到 100 ℃，煮沸 40 min。然后将糊化醪打入糖化锅内，此时糖化锅升温到 52～54 ℃，保温 30～60 min。取出部分醪液第一次煮沸，再打入糖化锅，此时醪液温度升温到 63～70 ℃，糖化至碘液检测糖化基本完全，取出部分糖化醪打入到糊化锅，第二次煮沸，打回糖化锅中，这时的糖化醪温度为 76～78 ℃，维持 10 min。

3. 过　滤

虹吸法过滤麦芽汁，用 75 ℃热水洗麦糟，把麦麸里外的麦芽糖全部冲洗下来，重复几次，最后麦汁残糖以 0.5%～1.5%为宜。

4. 麦汁煮沸

将过滤后的麦汁加热煮沸以稳定麦汁成分的过程。此过程中可加入酒花（一种含苦味和香味的蛇麻之花，每 100 L 麦汁中添加 100～200 g）。将过滤的麦汁通蒸汽加热至沸腾，煮沸时间一般控制在 1.5～2 h，蒸发量为 15%～20%（蒸发时尽量开口，煮沸结束时，为了防止空气中的杂菌进入，最好密闭）。第一次在麦汁初沸时加入酒花总量的五分之一，第二次在麦汁煮沸后 40～50 min 加入，为总量的五分之二，第三次在结束麦汁煮沸前 10 min 加入，为总量的五分之二。全程麦汁都要保持沸腾状态。

5. 热凝固物的去除

虹吸法去除热凝固物。

6. 麦汁冷却

冷水冷却至室温，虹吸法去掉冷凝固物。

7. 酵母接种、发酵

（1）接种：按接种量 0.4%～0.6%的比例将扩大繁殖的麦芽汁培养基接入冷却的麦汁中。

（2）主发酵：10 ℃生化培养箱中发酵，每天观察发酵情况。主发酵：10 ℃，7 d 至 4.0 plato 时结束（嫩啤酒）。一般主发酵整个过程分为酵母繁殖期、起泡期、高泡期、落泡期和泡盖形成期等五个时期。主发酵时期可以测定下列几个项目：糖度（用糖度表测，并换算成 plato）；细胞浓度、出芽率、染色率、酸度、α-氨基氮、还原糖、酒精度、pH、色度、浸出物浓度、双乙酰含量。

（3）后发酵：当发酵罐中的糖度下降至 4.0 ～ 4.5 Bx 时，开始封罐，并将发酵温度降至 2 ℃，8 ～ 12 d 后，罐压升至 0.1 MPa，说明已有较多 CO_2 产生并溶入酒中，即可饮用。若要酿制更加可口的啤酒，后发酵温度应降低，时间应延长。

如果没有后发酵罐，可用下述办法处理。

① 选取耐压瓶子，清洗，消毒灭菌。

② 将嫩啤酒虹吸灌入，装量约为容积的 90%，注意不要进入太多氧气。

③ 盖紧盖子，放于 0 ～ 2 ℃冰箱中后发酵 3 个月。

【注意事项】

① 因后发酵会产生大量气体，不能选用不耐压的玻璃瓶，以免发生危险。

② 不要吸入太多氧气，瓶子上端不要留有太多空气，否则啤酒会带严重氧化味。

五、实验结果

（1）麦芽汁的颜色、澄清度如何，沉淀物是否会影响酵母的繁殖？

（2）啤酒发酵过程中泡沫的变化，发酵液的颜色、澄清度的变化。

六、思考题

（1）菌种扩大过程中为什么要慢慢扩大，培养温度为什么要逐级下降？

（2）制麦芽的目的及主要成分发生的分解变化。

（3）什么是糖化，糖化的方法有哪些，在糖化过程中成分如何变化？

（4）麦芽粉碎程度对麦汁过滤的影响。

（5）啤酒花的作用及添加方式。

（6）酵母凝聚性会对后发酵产生怎样的影响？

实验十七　苹果醋的酿造

一、实验目的

通过本次实验，使学生了解果醋目前在市场上的需求及发展前景；掌握果醋酿造的原理、原料及酿造工艺；深入了解影响果醋质量的条件因素。

二、实验原理

果醋以含糖水果或果汁为原料，先是利用酵母菌中的酒化酶将原料中可发酵型糖转化为酒精，酒精发酵是厌氧发酵；然后再利用醋酸菌中的氧化酶将酒精氧化为醋酸，醋酸发酵为好氧发酵。生产果醋的常用原料主要有苹果、山楂、葡萄、柿子、杏、橘子、草莓等以及这些水果加工的边角料等。果醋兼具水果和食醋的营养保健价值，是集营养、保健、食疗等功能为一体的新型饮品。果醋根据加工方法可以归纳为鲜果制醋、鲜果浸泡制醋、果酒制醋三种；按发酵方法分为固态发酵、液态发酵和固-液发酵法三种。

三、实验材料及主要药品、器具

1. 原　料

苹果、酵母菌、醋酸菌。

2. 主要药品

蛋白胨、酵母提取物、麦芽提取物、磷酸二氢钾、硫酸镁、硫酸锌、硫酸亚铁、乙醇、酚酞、氢氧化钠、碳酸钙。

3. 仪　器

天平、电磁炉、高压灭菌锅、超净工作台、摇床、pH 计。

4. 用　具

锥形瓶、pH 试纸、量筒等。

四、实验步骤

（一）酵母菌和醋酸菌的扩大培养

1. 果酒酵母种子液的制备

50 mL 5%蔗糖温水（35～40 ℃）中，加入 5 g 酵母搅拌溶解静置 20 min 后，按 10%比例接入液体 YPD 或 PDA 培养基中，也可倒入 25 kg 的水果醪中直接进行酒精发酵。

2. 醋酸菌种子液的制备

种子培养基配方：葡萄糖 1%、酵母提取物 1%、碳酸钙 2%，121 ℃，灭菌 15 min，冷却后使用前加入 2%的无水乙醇。50 mL 5%蔗糖温水（35～40 ℃），加入 5 g 醋酸菌搅拌溶解静置 20 min 后按 10%比例接入种子培养基中，或者直接倒入发酵好的果酒中。

3. 接种培养

将接种好的菌放在温度为 30 ℃、转速为 180 r/min 的摇床中振荡培养 2 d。

（二）酒精发酵

1. 原料选择

选择新鲜成熟苹果为原料，要求糖分含量高、香气浓、汁液丰富、无霉烂。

2. 清洗榨汁

水洗过后用高锰酸钾清洗，1%食盐水浸泡，加入榨汁机获得苹果汁。榨汁时加入果胶酶和 V 提高出汁率和防止氧化。

3. 澄　清

采用加热澄清法，将果汁加热到 80～85 ℃，保持 20～30 s，可使果汁内的蛋白质絮凝沉淀。可用明胶-单宁澄清法，明胶、单宁用量通过澄清实验确定。

4. 过　滤

将果汁中的沉淀物过滤除去。

5. 成分调整

澄清后的果汁根据成品所要求达到的酒精度调整糖度，一般可调整到 17%，柠檬酸调 pH 为 4.2~4.4。

6. 接种发酵

将果汁装入三角烧瓶，量为容器容积的 2/3，将经过三级扩大培养的酵母液接种、发酵，或用葡萄酒干酵母，接种量为 150 mg/kg，28~30 ℃一般发酵 2~3 周，使酒精浓度达到 9%。发酵结束后，将酒榨出。

（三）醋酸发酵

1. 接入醋酸菌

将苹果酒转入木桶或不锈钢桶中。装入量为 2/3，接入醋种 5%~10%混合，用纱布盖好，并不断通入氧气，保持室温 20 ℃。当酒精含量降到 0.1%时，说明醋酸发酵结束。将菌膜下的液体放出，尽可能不使菌膜受到破坏，再将新酒放到菌膜下面，醋酸发酵可继续进行。

2. 陈　酿

将果醋装入桶或坛中，装满、密封，常温陈酿 1~2 个月。

3. 澄清及杀菌

通过过滤或离心等方法进一步澄清果醋。澄清后将果醋在 60~70 ℃温度下杀菌 10 min，趁热装瓶。

五、实验结果

（1）记录果醋发酵过程中的时间及外观变化。
（2）对成品果醋的颜色、质地、口感进行质量评价，并分析影响果醋质量的因素。

六、思考题

（1）根据原料、工艺等依据，果醋有哪些分类？
（2）果醋酿造的原理及工艺流程有哪些？
（3）影响果醋质量的因素有哪些？

实验十八　乳酸菌的分离及乳酸饮料的发酵

一、实验目的

通过本次实验，了解乳酸发酵饮料的类型及原料、乳酸菌的种类及生长特性；掌握利用不同培养基分离纯化及鉴定不同乳酸菌的方法，掌握乳酸饮料发酵的原理及工艺；能对乳酸发酵饮料的感官质量做出合理评价。

二、实验原理

乳酸菌属于真细菌纲真细菌目中的乳酸细菌科，根据细胞呈球状或呈杆状，又分成乳酸杆菌族和链球菌族。不同的乳酸菌有不同的营养需求和生长表现，选用不同的培养基采用稀释涂平板法可分离出不同的乳酸菌。MRS 培养基适合杆菌的生长，在产酸菌落周围还能产生 $CaCO_3$ 的溶钙圈，革兰染色呈阳性，涂片镜检细胞呈杆状。链球菌适合在 BCG 牛乳培养基上生长，乳酸菌菌落 1～3 mm，圆形隆起，表面光滑或稍粗糙，呈乳白色、灰白色或暗黄色。平板涂布法是将样品稀释之后，其中的微生物充分分散成单个细胞，取一定量的稀释液接种到平板上，经过培养，由每个单个细胞生长繁殖而形成肉眼可见的菌落，即一个单菌落代表原样品中的一个单细胞（一般经过几次稀释涂平板才获得单细胞菌落）。乳酸菌能将原料中的糖进行分解代谢产生乳酸等多种营养成分，使 pH 下降，达到蛋白质等电点时，蛋白质胶粒开始聚集沉降，逐渐形成网络立体结构，从而形成外观上黏稠、均一、营养丰富的酸味饮料。

三、实验材料及主要药品、器具

1. 材　料

市售酸奶、新鲜水果（番茄、草莓、蓝莓等）、牛乳粉。

2. 药品及培养基配方

MRS 培养基配方（g/L）：蛋白胨 10、牛肉浸取物 10、酵母提取液 5、葡萄糖 20、乙酸钠 5、柠檬酸氢二胺 2、磷酸氢二钾 2、七水硫酸镁 0.58、七水硫酸锰 0.25、碳酸钙 20、琼脂 15～20 g、吐温-80 1 mL、pH 6.8。

BCG 牛乳培养基。A 溶液：脱脂乳粉 10%，加入 1.6%溴甲酚紫乙醇溶液 0.2 mL；B 溶液：酵母膏 2%、琼脂 4%、pH6.8。

3. 仪　器

天平、电炉、高压灭菌锅、超净工作台、显微镜、榨汁机、PHS-2F 型酸度计、培养箱。

4. 用　具

涂布棒、培养皿、酒精灯、接种环。

四、实验步骤

（一）从酸奶中分离乳酸菌

1. 培养基的配制

（1）配制 MRS 固体培养基，121 ℃湿热灭菌 15 min，无菌条件下倒培养皿平板。

（2）配制 BCG 牛乳培养基的 A 溶液 80 ℃灭菌 20 min（也可先灭无菌水，无菌条件下溶解新开封的奶粉）；B 溶液 121 ℃湿热灭菌 20 min；将 A、B 两种溶液冷却至 40 ℃，等体积混合倒培养皿平板。

（3）按脱脂奶粉 25 g 与蔗糖 20 g，水 250 mL，（蔗糖与水的比例在 1∶10 的范围内）的比例配制脱脂乳，装试管，80 ℃灭菌 20 min。

2. 分　离

按照无菌操作的要求，从市售新鲜酸乳中吸取 1 mL 检样，放入装有 9 mL 无菌水的三离心管，振摇混匀，得到 10-1 的稀释液，按 10 倍稀释法，直到获得 10-3 稀释度的原液。采用画线法或涂平板的方法涂 MRS 和 BCG 平板，40 ℃培养 8～24 h。

3. 菌种的形态学鉴定

在 MRS 培养基上长出的菌落大，透明，灰白色，乳酸菌菌落周围可以形成溶钙环，革兰染色为阳性，细胞形状为杆状，则为乳杆菌。

BCG 牛乳培养基中有溴甲酚紫（一种酸碱指示剂），因嗜热链球菌在 BCG 牛乳培养基上产生乳酸，菌落颜色为黄色，周围培养基也为黄色，很容易与不产酸的杂菌分开。

4. 两种菌凝乳实验

挑选 MRS 和 BCG 两种平板上的乳酸菌典型菌落转至脱脂乳试管中，40 ℃培养 8～24 h，若牛乳出现凝固，无气泡，显酸性，涂片镜检细胞呈杆状或链球状，革兰染色显阳性，则可将其连续代传 3 次，最终选择出在 3～6 h 能凝固的牛乳管，pH 为 4.0～4.2，活菌数在 106 CFU/mL 以上，乳酸酸度在 0.8%～1.0%时菌种可达正常活力，后置于冰箱做菌种待用。

（二）果汁的制备、灭菌、接种与培养。

1. 乳酸菌的扩大培养

按 3%的接种量将（一）的凝乳试管接入灭过菌的牛乳管中，42 ℃下培养 10 h 即可使用。

2. 果汁的制取

选择成熟完全的新鲜番茄，剔除疤痕、机械伤、病虫斑等，用清水洗净，95 ℃以上热水中漂烫至表皮组织开裂，剔除表皮，用搅拌机打浆，得到原番茄浆过滤得到番茄汁。草莓、蓝莓经过清洗，盐水浸泡，直接榨汁。

3. 调　配

按 6∶4 比例将果汁稀释，添加 5%～10%的乳粉，5%、10%、15%白砂糖三个浓度，充分混匀后，用柠檬酸和 NaHCO₃ 调果汁的 pH 为 6.5，待用。

4. 杀　菌

将调配好的发酵原料定量装入三角烧瓶中，于 105 ℃灭菌 15 min。

5. 接　种

待原料汁冷却至 40 ℃，进行无菌接种，按 A 处理保加利亚杆菌、B 处理嗜热链球菌、C 处理保加利亚杆菌。嗜热链球菌（1∶1），按菌种 2%～4%的接种量接入番茄汁中，于 42 ℃下发酵 24～30 h，pH 降至 4.0～4.5，发酵结束。

6. 调　配

在热水中依次加入甜味剂、酸味剂，搅拌均匀后再与发酵液充分均匀混合。

7. 添加稳定剂

为了防止分层现象，可在成品中添加黄原胶 0.15%，CMC-Na 0.25%。

8. 灭　菌

调配发酵液装瓶后，低温冷藏获得活菌乳饮料；或者经 95～100 ℃杀菌 25～30 min

即成保质期较长的乳酸饮料成品。

五、实验结果

（1）统计 MRS 和 BCG 平板上菌落生长情况，根据菌落生长密度，确定最佳稀释浓度。

（2）以发酵后的酸度为指标判断发酵的程度，计算发酵时间。

（3）观察发酵好的水果乳酸饮料的颜色、质地、有无沉淀和分层。

（4）品尝添加不同量的糖、不同乳粉量和不同菌种处理的发酵饮料，比较其外观和口感的差异。

六、思考题

（1）乳酸发酵饮料的种类。

（2）乳酸发酵饮料的原料、发酵剂有哪些？怎样分离、纯化不同的乳酸菌株？

（3）乳酸发酵的原理及工艺条件。

实验十九　15 L 机械搅拌式发酵罐的应用

一、实验目的

了解中试生物反应器的结构与功能，并掌握其使用时的操作规程。

二、基本原理

生物反应器是生物技术开发中的关键性设备，一个微生物技术产品从实验室到工业生产的开发过程中，需要逐级放大培养（依次进行小试，中试，生产），使得大型发酵罐的性能与小型发酵罐接近，以使大型发酵罐的生产效率与小型发酵罐的相似。因为在不同大小的发酵罐中进行的生物反应过程虽然是相同的，但在质量、热量和动量的传递上却会有明显的差别，从而导致生物速率的差别。

三、培养装置

发酵罐为不锈钢制的圆柱形，外有夹套以便加热或冷却。对于生产中使用的大型发酵罐，罐内装有冷却管。搅拌可采用电动机带动或磁力搅拌器，空气过滤可采用介质层过滤或聚乙烯醇 PVA 滤芯空气过滤器，在液面上方一般还有安装有机械消泡器，采用可蒸汽杀菌的 pH 复合电极及 pH 控制装置，使用 2 台泵，一台用于流加酸，一台用于流加碱（图 3-8）。

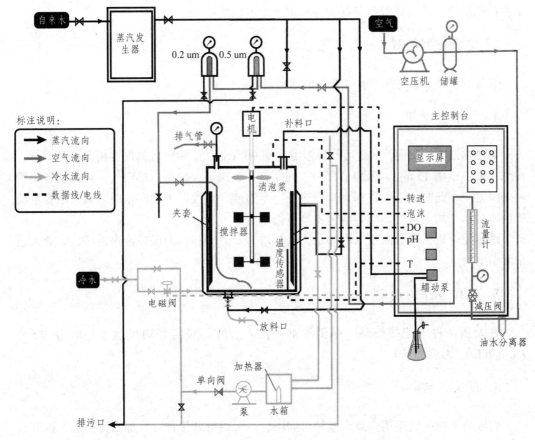

图 3-8　15 L 机械搅拌式发酵罐各部分管道示意图

四、操作步骤

1. 空 消

清洗培养罐内部,特别要注意在空气分布器或取样管导出残留污物。罐内加入 20% ~ 30% 的水后,通入加热蒸汽(蒸汽需经过滤膜过滤),在 121 ℃下杀菌 15 min。杀菌过程中不断地打开阀门,确保彻底杀菌。杀菌完成后,从取样管将罐内液体排出。

2. 培养基制备

培养基的加入量一般为罐容积的 50% ~ 60%。将称量好的培养基组分,经溶解后加入到发酵罐中。此时培养液的体积为实际所需培养基容积的 80%。由于蒸汽杀菌过程中有大量的蒸汽转变为水,使发酵液体积增大。对于合成培养基的灭菌操作,葡萄糖与磷酸盐应分别灭菌后,在开始培养前加入以避免在杀菌过程中,葡萄糖与氮化合物之间发生美拉德反应，以及磷酸盐与其他金属离子形成沉淀。

3. 安装控制装置

安装调试好 pH 电极、氧电极、消泡电极等。

4. 实消与冷却

夹套内通入加热蒸汽，是培养液温度达到 90 ℃以上。随后将蒸汽直接通入发酵罐，在 121 ℃下杀菌 15 min。杀菌过程中，间断打开各阀门，排出内部空气，以保证各出管内杀菌完全。此时如果不采用夹套预热至一定温度，直接通入蒸汽杀菌的话，培养基装置内冷凝水增加，将增加培养液体积调节的难度。

杀菌完全后，夹套内通入冷却水，进行培养基的冷却。为保证罐内正压，应通入适量无菌空气。

5. 操作条件的设定

在无菌条件下连接好酸、碱消泡剂等流入管线。设定好通风量（一般为 0.5 ~ 2 L/min.L）、温度和 pH。

6. 接菌、培养

将浸有酒精的脱脂棉围绕在接种口周围，点火后打开接种口，加入无菌水，调节好罐内培养液量（必要时应加入葡萄糖、磷酸盐等溶液），进而将种子培养液注入。接种量一般为 1% ~ 10%，盖好接种口后，调节搅拌转数至所需值，培养开始。

7. 取 样

为了解培养过程中的变化，需定时取样进行样品分析。由于罐内为正压，打开取样管时，样品自然流出。取样时应将上一次取样时残留在取样管中的培养液去除后在取样。另外，取样后应通入加热蒸汽，以防取样管路污染杂菌。

8. 培养结束

将电极与培养液全部取出，培养液在 121 ℃下杀菌 15 min 后，排出到指定地点。罐内应冲洗干净。

五、思考题

（1）为什么在灭菌时先要通过夹套升温到 90 ℃，然后再通蒸汽直接进罐？

（2）小型和大型生物反应器设计上有什么不同点？

（3）简述 15 L 小罐进行实罐灭菌的过程。发酵罐进行灭菌的进排汽原则是怎么样的？

（4）画出 15 L 机械搅拌式发酵的管道流程图（水、蒸汽、空气三路），需另附图纸。

实验二十 体积溶氧传递系数的测定

一、实验目的

学习运用溶氧电极法测量计数获得 K_La 值。

二、基本原理

单位体积发酵的氧传递系数 K_La 可称为"通气效率"，可以用来表征发酵罐的通气情况。由于各发酵罐设备情况不同以及整个发酵过程中培养液物性的变化，K_La 不是常数，通过 K_La 的测定，就可以了解发酵过程中氧的传递效果的好坏，对提高氧的利用率和增产节能都有着重要意义。

三、实验方法

1. 根据电极显示值求 C 值

如果温度为 T 时，水被空气所饱和，可得到氧分压式：

$Po_2 = （P - P_{H2O}）Yo_2^{空气}$

式中：P—总压；P_{H2O}—水蒸气压 $= f（T）$；$Yo_2^{空气}$—空气中氧的分子分数 $= 0.21$。

当总压为 1 bar（1 bar $= 0.1$ MPa），温度为 20 ℃时：$Po_2 = （1 - 2.34 \times 10^{-2}）\times 0.21 = 0.205（bar）$

相应的浓度可根据 Henry 定律计算：

$H = Po_2/Xo_2 *$

式中：$Xo_2 *$——液相中氧的分子分数 $= \dfrac{c}{\sum ci}$

$$\frac{c}{\sum ci} \approx 水的克分子浓度 = \frac{1000}{18} = 55.55$$

温度 $T = 30$ ℃时水中的亨利常数：

$H（T = 30 ℃）= 4.81 \times 10^4$ bar

$C^{*\alpha} = 0.21 \times 55.55/4.81 \times 10^4$

空气氧饱和浓度值 $C^{*\alpha} = 2.42 \times 10^{-4}$ mol/L

将电极显示值 E（%饱和）换算成氧浓度为：

$C = E/100 \times C^{*\alpha} = E/100 \times 2.42 \times 10^{-4}$ mol/L

发酵液中氧的饱和浓度一般取 0.21 mmol·L^{-1}，故发酵罐中的氧浓度为：

$C = EP/100 \times 0.21$ mmol·L^{-1}

其中 $P =$（大气压 + 表压）atm。

$K_L a$ 的获得：

可以运用动态测定法获得 $K_L a$ 值，此法就是在非稳定时用下列衡算式：

$$\frac{dc}{dt} = K_L a\,(C^* - C) - Q_{O_2} X \tag{3-14}$$

首先观察暂停通气后 C 值的下降速度率求得一 Q_{O_2} 值，其次再观察重新通气时的 C 值（图 3-9）。

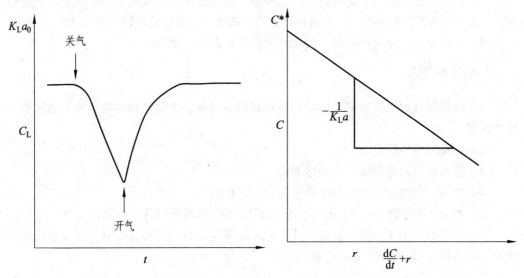

（a）停止通气再通气实施的溶解氧浓度变化　　　（b）利用动态过程的数据求

图 3-9　动态电极法测定 $K_L a$ 的曲线

将（3-14）式加以整理：

$$C = -\frac{1}{K_L a}\left(\frac{dc}{dt} + Q_{O_2} X\right) + C^* \tag{3-15}$$

将重新通气后的过渡阶段 C 值对应于 $\left(\dfrac{dc}{dt} + Q_{O_2} X\right)$ 值作图，应当得到一直线，这条直线的斜率就表示 $\left(-\dfrac{1}{K_L a}\right)$ 值。

四、实验器材

溶氧电极、发酵罐、培养液、控制台等。

五、实验步骤

1. 溶解氧（DO）浓度的测定

（1）将组装好的氧电极与测定装置连接好，插入水中，接通电源约 5 min（长时间未使用的氧电极预热约 30 min）。

（2）将氧电极浸入饱和亚硫酸钠溶液（无氧水）中，DO 值减小到一定后，调节溶氧仪的调节旋钮，使仪表指针至零点。

（3）从无氧水中取出氧电极后，用水冲洗，并用滤纸吸去覆膜上的水滴后将氧电极插入已充分通入空气的纯水中，至指针稳定后，调节校正旋钮使指针与饱和 DO 值吻合。

（4）重复（2）、（3）两步骤，使显示数值稳定在一定范围内。

2. K_La 的测定

（1）将培养基加入至发酵罐，插入调整好的氧电极，设定好相应的温度、通风量及搅拌转速。

（2）连接氧电极输出端。

（3）接入适量的种子液，开始培养。

（4）培养一定时间，此时 DO 值为一定，停止通气。

（5）当 DO 值下降至 $1 \sim 2$ mg/kg 时，通气，DO 值迅速回升，渐渐恢复至原值。

（6）进行不少于 3 个搅拌转速条件下的 K_La 测定，每一搅拌转速条件至少进行两次测定，利用转速（n）计算 K_La 的值。

六. 实验结果

（1）实验数据记录（表 3-17、表 3-18）。

表 3-17　实验数据记录 1

关气时间										
DO/%										

表 3-18　实验数据记录 2

序号	1	2	3	4	5	6	7	8	9	10
通气时间										
DO/%										
序号	11	12	13	14	15	16	17	18	19	20
通气时间										
DO/%										

（2）实验数据处理（用电脑作图，将相关图表贴在表 3-19、表 3-20 空白处）。

表 3-19 实验数据处理 1

$X = \dfrac{\mathrm{d}c}{\mathrm{d}t} + Q_{O_2}X$									
$Y = C$									

表 3-20 实验数据处理 2

$T/°C$	C^*	E	C	$-\dfrac{1}{K_L a}$		

七、思考题

（1）为什么要测定 $K_L a$？本实验是用何种方法测定 $K_L a$ 值的？

（2）测定 $K_L a$ 值的方法有哪一些？采用不同的方法测得的 $K_L a$ 值能否进行比较，为什么？

（3）用动态法测定 $K_L a$ 时，在关气阶段要注意控制发酵液中的溶氧不要低于临界氧浓度以下，否则实验结果会有偏差，为什么？

实验二十一　补料分批发酵动力学研究

一、实验目的

加深对培养方法的认识，了解补料分批续培养过程控制方法。

二、实验原理

补料分批培养，是一种介于分批培养和连续培养之间的过渡培养方式，是在分批培养的过程中，间隙或连续地补加新鲜培养基的培养方法。流加培养同时兼有间歇培养和连续培养的某些特点，其优点是，可使发酵系统中维持很低的底物浓度，减少底物的抑制或其分解代谢物的阻遏作用，不会出现当某种培养基成分的浓度高时影响菌体得率和代谢产物生成速率的现象。

三、菌种和培养基

1. 菌种：啤酒酵母

2. 培养基（g/L）

$(NH_4)_2SO_4$ 4.0，K_2SO_4 4.0，$Na_2HPO_4·2H_2O$ 2.0，$MgSO_4$ 0.5，$CaCl_2$ 0.1，$NH_4Fe(SO_4)_2·12H_2O$ 0.02，葡萄糖 0.5，盐溶液 10 ml 液 10 mL[（mg/L）：$ZnSO_4·7H_2O$ 0.2，$Cu SO_4·5H_2O$ 0.01]，含维生素和微量营养物质的溶液 1.0 mL[（mg/L）：维生素 B10.2，烟酸 5.0，对氨基苯甲酸 0.3，泛酸（盐）0.5，生物素 0.006，内消旋肌醇 50，维生素 B6 1.0，pH 5.0]。流加的浓葡萄糖液质量浓度为 25 g/100 mL；0.1 mol/L NH_3 用于调节发酵液的 pH。保持培养基中糖的质量浓度在 0.5 g/L，流加液的糖的质量浓度为 25 ～ 30 g/100 mL。

四、实验方法

1. 流加培养前的准备工作

在培养罐中加入去离子水，将温度传感器、除菌过滤器安装好，pH 和溶氧电极标定后安装好，用硅橡胶管连接好取样口、流加液入口、pH 调节剂入口和消泡剂入口，不需要的接口全部封好。橡胶管用弹簧夹夹住，排气口用一小段棉花塞好。确认所有连接没有问题后，打开通风排气系统，检查是否有漏气、阻塞现象（轻轻堵住排气口，看其他地方是否漏气），确认正常。

2. 种子培养

（1）液体试管培养。

自斜面菌种挑起一环酵母菌体。接入装有 10 mL 10~12° Bx 麦芽汁的液体试管中，摇匀后，置于 30 ℃培养箱培养 24 h。

（2）三角瓶培养。

将上述培养好的液体试管种子接入用 250 mL 三角瓶装的灭过菌的 100 mL 10~12° Bx 的麦芽汁中，接种量 10%，在 30 ℃下培养 15~20 h。

3. 流加培养

培养罐中加入已调配好的培养基后，放在灭菌锅中灭菌 121 ℃，20~30 min，葡萄糖和消泡剂分别同时灭菌。培养罐取出后，开通冷却水进行冷却，同时开动搅拌器，通入无菌压缩空气以防产生负压，冷却到发酵温度 30 ℃。利用硅皮管将 25 g/100 mL 葡萄糖液贮瓶和 0.1 mol/L 氨液贮瓶分别连接蠕动泵和培养罐上的入口，再将两个贮瓶上的排气口塞上棉花用弹簧夹夹住。消泡剂贮瓶排气口塞上棉花。如果传感器不能用蒸汽加压灭菌，可以在室温下把传感器在 75%酒精中浸泡加进行灭菌，然后用无菌水洗净，尽快安装在培养罐上。通气量在 3~5 L/min，搅拌转数在 200~600 r/min 接种量 10%。开动蠕动泵流加 25 g/100 mL 葡萄糖，使发酵罐内葡萄糖浓度达到 20~30 g/L，滴加 0.1 mol/L 氨液，控制培养液 pH 为 5.0。通过调节风量和搅拌转数控制溶氧浓度在 10% 左右。流加培养 7~10 h，每隔 0.5~1 h 取样测定培养液中葡萄糖浓度、菌体量和副产物乙醇浓度。取样口经常用 75%的酒精浸泡以保持清洁。培养结束后，将培养液进行蒸汽加压灭菌弃去。清洗培养罐。在发酵过程中消泡剂应尽量少加。

五、分析方法

1. 菌体量（X）生物量的测定

生物量的测定方法有比浊法和直接称重法等。本实验采用比浊法。以空白培养基为对照，在 560 nm 处测定发酵液的吸光值。

2. 还原糖的测定

还原糖的测定方法有菲林试剂法、酶法和 DNS 法。本实验采用 DNS 法。DNS 法基于还原糖将 3，5-二硝基水杨酸（DNS）还原成 3-氨基-5-硝基水杨酸，该产物在酸性条件下与氨基酸形成棕色复合物，该复合物的颜色深浅与还原糖的量成正比。通过测量该复合物的吸光度，可以计算出还原糖的浓度。

3. 乙醇含量测定

采用重铬酸钾比色法。

（1）原理：在酸性溶液中，被蒸出的乙醇与过量重铬酸钾作用，被氧化为醋酸。根据反应中生成的三价铬的颜色深浅进行比色测定，求得试样中酒精含量。

（2）5%重铬酸钾溶液：准确称取 50.00 g 重铬酸钾溶于 500 mL 去离子水中，再加入 100 mL 浓硫酸，冷却后加去离子水定容至 1 000 mL。

（3）实验方法：

① 标准曲线的制备。

吸取 1 mL 无水乙醇于 100 mL 容量瓶（瓶中先装点水，防止乙醇的挥发）中，稀释至刻度，混匀。分别吸取此稀释乙醇溶液 0 mL、1 mL、2 mL、3 mL、4 mL、5 mL、6 mL、7 mL 于 50 mL 比色管中，各加 15 mL 重铬酸钾溶液，加水至 25 mL 刻度线，混匀，沸水浴 5 min。此标准系列相当于试样中含有 0、1、2、3、4、5、6、7%（V/V）的酒精。

此空白标准做参比，在波长 610 nm，用 1 cm 比色皿测定其余各标准的吸光度。用吸光度对酒精浓度作图，绘制曲线。

② 菌种发酵液酒精产率的测定。

在 500 mL 蒸馏瓶中，加 100 g（100 mL）试样，并加入 100 mL 的去离子水，蒸馏，待馏出液达到 100 mL 时，准确吸取 1 mL 蒸馏液于 25 或 50 mL 比色管中，加入 15 mL 重铬酸钾溶液，加水至 25 mL 刻度线，混匀，沸水浴 5 min，立即冷却至室温，在波长 610 nm 处测定其吸光值，并在酒精标准曲线上查得蒸馏液中酒精含量（%，V/V），即为原试样中酒精含量。

六、实验结果

（1）画出培养液中葡萄糖（g/L）、酵母菌体量（g/L）和副产物乙醇（g/L）随流加培养时间的变化曲线。

（2）计算酵母产率（质量分数，葡萄糖）。

（3）分析酵母产率和副产物乙醇的关系。

七、思考题

（1）试分析补料分批发酵在工业上应用情况？

（2）在发酵过程中可采用哪些措施以减少副产物乙醇对酵母细胞生长的影响？

（3）目前补料分批发酵已成为发酵工业中最常见的一种生产方式，请论述发酵过程中补料控制的目的，所补的物料包括哪些类型，补料的原则及控制策略。

实验二十二　分批发酵法生产酵母蛋白

一、实验目的

要求学生掌握通风发酵的基本原理及过程，掌握上罐操作技术。

二、实验原理

酵母属兼氧性微生物，在供氧和缺氧的条件下，酵母细胞的生命活动和能量转换是不同的。在有氧条件下，酵母进行有氧呼吸，糖被分解为水和 CO_2。在无氧条件下，酵母对糖进行发酵，糖被发酵乙醇和 CO_2。因此本实验在有氧的情况下，通过对发酵条件的控制对酵母菌进行培养，从而得到大量的菌体蛋白。

三、菌种和培养基

1. 菌　种

酵母。

2. 培养基

酵母斜面培养基：10°麦芽汁固体斜面，pH5.0。
酵母摇瓶种子培养基：葡萄糖 10%，玉米浆 1%，尿素 0.2%，pH5.0。
酵母分批发酵培养基：葡萄糖 10%，玉米浆 1%，硫酸铵 0.4%，pH5.5。

四、实验仪器、设备

小型发酵罐、摇床、超净工作台、离心机、显微镜、分光光度计、三角瓶、试管、手持糖度仪。

五、实验过程

1. 总流程

（1）斜面培养：斜面培养基配制与灭菌，接种，培养。

所需仪器物品：灭菌锅、试管、棉塞、培养基原料、培养箱。

（2）摇瓶种子：1 000 mL 种子液、500 mL 三角瓶 10 只、装液 100 mL、培养基、培养摇瓶、纱布。

（3）上罐培养：发酵培养基配制，灭菌，接种。

（4）菌体分离：离心机。

2. 斜面种子制备

自保藏斜面中挑取一环酵母菌体接入新鲜的斜面试管中，于 28 ℃培养箱中培养 24 h。

3. 摇瓶种子的制备

将上述培养好的斜面种子接入 500 mL 三角瓶装的灭过菌的 100 mL 摇瓶种子培养基中，在 28 ℃，200 r/min 震荡培养 15～20 h。

4. 发酵罐培养

20 L 发酵罐装入 15 L 发酵培养基，121 ℃灭菌 20 min，冷却至 30 ℃，将培养好的摇瓶种子接入发酵罐（接种量 2%～3%）进行发酵。发酵条件为：温度 28 ℃，搅拌转速 200 r/min，通风量 1 vvm。

5. 过程监控

0 h：取样测定总糖和还原糖；
4～24 h：每隔 4 h 取样镜检、测定还原糖、菌体浓度。

六、实验分析项目和方法

（1）酵母镜检。

（2）酵母浓度测定（湿重法）：吸取 10 mL 菌液，4 000 r/min 离心 20 min，去上清液，称量菌体湿重。

（3）菌体浓度测定：用蒸馏水对所采样品进行适当稀释，使 OD_{560nm} 值处于 0.1～0.6，在波长 560 nm 处测定发酵液的浊度。

（4）还原糖及总糖浓度的测定。采用 DNS 法测定样品中的还原糖的含量。总糖采用手持糖度计法进行检测。

（5）检测不同时刻发酵液中氨氮的浓度。

七、实验报告内容和数据处理

记录 pH、溶氧、发酵液的浊度、还原糖、氨氮、菌体量的原始数据，并作出相关参数指标随时间变化的曲线图。

附 1：DNS 法测定还原糖

（1）葡萄糖标准溶液：

1 mg/mL 葡萄糖标准溶液：准确称取干燥的分析纯葡萄糖 0.5 g，加少量蒸馏水溶解后再加 1.5 mL 12mol/L 浓盐酸，加蒸馏水定容至 500 mL。

（2）3，5-二硝基水杨酸试剂（DNS 试剂）：

182 g 酒石酸钾钠溶于 500 mL 蒸馏水中，加热，趁热加入 6.3 g 3，5-二硝基水杨酸（DNS）和 262 mL 2mol/L NaOH 溶液，溶解后，加入 0.5 g 苯酚和 5.0 g 无水亚硫酸钠，蒸馏水定容至 1 000 mL 即得。该溶液于棕色瓶中避光保存。

（3）葡萄糖标准曲线的绘制

取 6 支刻度试管编号，按表 3-21 分别加入浓度为 1 mg/mL 的葡萄糖标准液、蒸馏水和 3，5-二硝基水杨酸（DNS）试剂，配成不同葡萄糖含量的反应液。

表 3-21　葡萄糖标准曲线制作

管号	葡萄糖标准液/mL	蒸馏水/mL	DNS/mL	葡萄糖含量/（mg/mL）	光密度值/（λ540 nm）
1	0.0	0.5	0.5	0.0	
2	0.1	0.4	0.5	0.2	
3	0.2	0.3	0.5	0.4	
4	0.3	0.2	0.5	0.6	
5	0.4	0.1	0.5	0.8	
6	0.5	0.0	0.5	1.0	

将各管摇匀，在沸水浴中准确加热 5 min，取出，冷却至室温。各管分别加 4 mL 蒸馏水，摇匀。在分光光度计上进行比色，调波长 540 nm，用 1 号管调零点，测出 2～6 号管的吸光值 A540 nm。以吸光度为纵坐标，葡萄糖含量（mg）为横坐标，在坐标纸上绘出标准曲线。

样品的测定：

取离心后的发酵上清液经适当稀释后，取稀释液 0.5 mL，加入 DNS 试剂 0.5 mL 在沸水浴中加热 5 min，冷却至室温，各管分别加入蒸馏水 4 L，摇匀，在分光光度计上波长 540 nm 处进行比色，其中空白对照只是将 0.5 mL 稀释液更换为去离子水并按照上述方法同样进行。查 OD 值对应标准曲线的值，乘上稀释倍数换算成残糖的浓度。

附 2：氨基态氮的测定（靛酚蓝反应）

（1）试剂：

溶液 A：将 35 g 苯酚和 0.4 g 硝普钠（亚硝基铁氰化钠），溶解于 1 000 mL 去离子水中，避光冷藏。

溶液 B：用少量蒸馏水溶解 18 g 氢氧化钠，加入 40 mL 浓度为 1 mol/L 的次氯酸钠溶液，用水稀释至 1 000 mL，避光冷藏。

氨标准溶液 1：将 0.471 g 硫酸铵用水溶解并稀释至 1 000 mL。

氨标准溶液 2：将铵标准溶液 1 用水稀释 10 倍，此溶液每升含 10 mg 氨氮。

（2）步骤：

① 标准曲线的绘制。

用水稀释铵标准溶液 2，配制成铵质量浓度分别为 0 mg/L、1 mg/L、2 mg/L、3 mg/L、4 mg/L、5 mg/L、6 mg/L、7 mg/L、8 mg/L 的一系列待测标准溶液，分别取 1 mL 标准溶液依次加入 5 mL 溶液 A 和 5 mL 溶液 B，充分混匀后，迅速置于 37 ℃恒温水浴锅中进行显色反应 35 min，然后于 625 nm 处分别测吸光值制作标准曲线。

② 氨态氮的测定。

取 1 mL 适量稀释的待测发酵液，依次加入 5 mL 溶液 A 和 5 mL 溶液 B，充分混匀后，迅速置于 37 ℃恒温水浴锅中进行靛酚蓝显色反应 35 min，于 625 nm 处测其吸光值。通过标准曲线换算出氨态氮的浓度。

八、思考题

（1）写出补料分批发酵的优点和缺点。

（2）补料分批发酵的适用范围。

（3）在空气预处理过程中可能有水滴析出的原因是什么？如何预防？

实验二十三　微生物（酵母）发酵培养基的优化

一、实验目的

学习和掌握液体发酵培养基的正交试验设计的原理和方法，掌握微生物斜面培养基、种子培养基及发酵培养基确定方法，学会对已确定菌种确定实验室发酵工艺。

二、基本原理

应用微生物采用液体发酵法生产目的产物，一般使用的培养基包括适合于代谢产物生成和菌体生长所需要的碳源、氮源、无机盐和其他物质等以有利于最终代谢物的生产。研究各个成分对终产物的影响采用单因素的方法实验处理和次数比较多，考虑不到所有成分的综合影响，需要应采用数理统计的方法优化培养基的组分。正交试验设计可以以较少的实验处理数来判断出培养基的成分的最佳组合。

正交试验设计是用排好的正交表安排实验和分析试的一种科学方法，获得最佳搭配的方法之一。其步骤包括：（1）明确试验目的，确定试验考核指标；（2）制定因素位级表：首先，挑选供试验考察的因素，其次，确定因素变化的位级，最后，制出因素位级表；（3）选用正交表：①先按位级数选表，②根据试验特点要求选表；（4）利用正交表来安排试验：填写试验计划表；既把根据因素位级表所确定的因素位级代号对应到正交表中安排因素和位级的位置所形成的试验计划。

正交试验结果分析方法包括：

（1）直接观察：接观察是指对试验结果不进行计算而直接根据观察试验结果来确定较好试验条件的方法，直接观察的导致最好结果的试验方案称为直接观察的优秀方案。

（2）一般计算分析：一般计算分析是指运用简单的数学运算对试验结果进行分析的方法。计算分析程序：①计算每一因素各个位级导致结果之和。参加试验的因素取了几个位级后，每一个位级参与几次试验就会由它导致几个试验结果。把这些结果相加就求出了每一因素各个位级导致结果之和。②计算每一因素各个位级导致结果之和的极差。极差是指一组数据中最大值和最小值的差，用符号 R 表示。③确定关键因素、重要因素和可能最优试验方案。关键因素和重要因素是指由于它的变动会对试验结果有较大影响的因素。关键因素和重要因素的微小变化会使试验结果有较大差异，在试验中要特别注意对它们进行考核，准确地掌握好它们的位级。划分因素的根据是极差。极差的大小说明相应因素作用的大小。极差大，说明该因素是活泼的，它的变化对结果影响很大。极差小，说明该因素是保守的，它的变化对结果影响较小。

（3）考察位级趋势，探寻可能更优方案。考察位级趋势是通过分析位级与结果的内在联系，探寻在试验中并没有选取而可能是更好的位级，并以此总结出可能更优秀的试验方案。考察位级趋势使用趋势图，用因素的位级作横坐标，用相应因素的位级导致结果之和为纵坐标，在图中画出相应的点，用直线把它们依次连接起来就形成位级趋势折线。一般情况下，趋势图只适用于有联系的用数量表示的位级的考察。需要注意的是对定量的位级要按位级量递增或递减顺序画图。

（4）方差分析：本实验采用 $L_9(3^4)$ 正交实验设计，研究培养基组成对酵母菌生长的影响。生物量的测定方法有比浊法和直接称重法等。由于酵母在液体深层通气发酵过程中是以均一混浊液的状态存在的，所以可以采用直接比色法进行测定。

三、实验材料

1. 仪器设备

全恒温振荡培养箱、分光光度计、电热恒温水浴槽、天平、电炉。

2. 试　剂

葡萄糖、蔗糖、酵母膏、KH_2PO_4、无菌水。

3. 菌　种

酿酒酵母种子。

四、实验步骤

（1）培养基的配制（表 3-22、表 3-23）。

表 3-22　正交表试验设计（g/1 000 mL）

因素水平	葡萄糖	蔗糖	酵母膏	KH_2PO_4
1	10.0	0.0	5.0	1.0
2	20.0	10.0	10.0	2.0
3	30.0	20.0	15.0	3.0

表 3-23　正交表实验方案

编号	葡萄糖（A）	蔗糖（B）	酵母膏（C）	KH_2PO_4（D）	生物量（OD）					
					0 h	12 h	24 h	36 h	48 h	60 h
1	1	1	1	1						
2	1	2	2	2						
3	1	3	3	3						
4	2	1	2	3						
5	2	2	3	1						
6	2	3	1	2						
7	3	1	3	2						
8	3	2	1	3						
9	3	3	2	1						
K1										
K2										
K3										
k1										
k2										
k3										
R										

（2）将上述培养基配制好以后，每 250 mL 三角瓶装入培养基 100 mL，于 121 ℃下灭菌 30 min，冷却。

（3）冷却后接种（接种量为 5%），置于 28 ℃摇床进行培养。

（4）测 OD 值：将接种 0 h、12 h、24 h、36 h、48 h、60 h 不同时间的菌悬液摇均匀后于 560 nm 波长、1 cm 比色皿中测定 OD 值。比色测定时，以未接种的培养基作空白对照，并将 OD 值填入表中，最终确定最佳培养基的组成及发酵时间。

五、思考题

（1）对实验结果进行全面分析，确定最佳培养基的组成及发酵时间。

（2）比浊计数在生产实践中有何应用价值？

（3）本实验为什么采用 560 nm 波长测定酵母菌悬液的光密度？如果你在实验中需要测定大肠杆菌生长的 OD 值，你将如何选择波长？

第四章 生物分离工程实验

>>> 实验一 毛发中提取 L-胱氨酸

一、实验的意义和目的

1. 意 义

胱氨酸是一种含硫氨基酸。在医药上，是一种昂贵的化学药品，有促进机体细胞氧化还原机能，维持蛋白质构型，促进毛发生长和防止皮肤老化，增加白血球和抑制病原菌等作用。可用于治疗肝病和放射病，治疗膀胱炎、各种脱发症、神经痛等，也用于痢疾、伤寒、流感、气喘、湿疹等病患者。在食品工业上，可作食品添加剂，营养增补剂等。

2. 目 的

（1）学习和实践沉析分离生物物质的方法；
（2）熟悉 pH 计的使用。

二、实验原理

胱氨酸多从各种毛、发、骨、角等角蛋白中水解提取分离获得，也可以采用化学合成法得到。前法主要是利用胱氨酸的两性电解质性质，在其低的离子强度下，调节由角蛋白等水解出的 L-胱氨酸溶液的 pH 至等电点，使其净电荷为零，溶解度大为降低而沉淀析出。

三、材料、试剂和玻璃仪器

1. 材 料

废杂毛（猪毛、羊毛、人发等）。

2．试　剂

盐酸（30%、1%）、氢氧化钠溶液（30%、1%）、活性炭、氨水、0.05 mol/L 溴标准溶液、0.5%淀粉指示液、0.05 mol/L 硫代硫酸钠标准溶液、碘化钾、pH 试纸、蒸馏水、2%硫酸铜。

3．仪器和器皿

分析天平、搅拌器、可调温电炉、真空泵、pH 计、恒温水浴锅，大烧瓶、回流冷凝管、烧杯、抽滤瓶、吸管、玻棒、碘量瓶、碱式滴定管等。

4．其　他

定性滤纸、手纸、铁架台等。

四、实验步骤

1．除　杂

将毛发除杂（泥土、纸屑、柴棍等杂物）、用 60～80 ℃热水洗涤去掉毛脂，晒干或 80～90 ℃烘干备用。

2．水　解

向配有搅拌器、回流冷凝管、温度计及气体吸收装置（吸收挥发出的 HCL 可再利用）的三口烧瓶中依次加入 300 g 毛发和 600 mL30%盐酸，在 102～110 ℃下水解 9 h。用双缩脲试剂检验至毛发完全水解。当水解完全时，停止回流，趁热抽滤，取滤液备用。

3．中　和

滤液（可取 50 mL）用 30%氢氧化钠中和，在加氢氧化钠时要不停地搅拌，不断测试（pH 试纸测定），当 pH 为 4 时（此时水解液与碱液比约为 5∶4，v/v），改用 1%氢氧化钠中和，至 pH＝4.7～4.8（pH 计测定）。搅拌 30 min，低温静置 12 h 以上。抽滤得粗品。（需要时可用离心倾析法）。

4．提　纯

将粗品溶于适量的 1%盐酸溶液（可用 150 mL）中，控制温度在 90～98 ℃，加入相当于粗品重量 12%～13%的活性炭，搅拌并脱色（2～3 h）至滤液为无色透明溶液。抽滤得滤液，用 30% 和 1% 的 NaOH 中和至 pH4.8 左右，低温静置 24 h，过滤收集得粗品Ⅱ（如果效果不错，可以作为成品使用）。

5. 精　制

取粗品Ⅱ加入 8 倍质量的 6% 盐酸重新溶解，控制温度在 50～60 ℃，加入活性炭进行脱色，保温搅拌脱色 1 h，过滤后用 12% 的氨水在搅拌条件下进行中和，直至 pH = 4.8，静置 5～6 h，即析出精品，用蒸馏水洗至无氯离子，60 ℃干燥。

6. 产品检测

称取 0.100 0 g 样品置于碘量瓶中，加 3 mL 1mol/L 氢氧化钠及 3 mL 水溶解，再加 30 mL 水及 50 mL 0.05mol/L 溴标准溶液和 10 mL 盐酸，立即密封，振摇 5 min，放置 10 min，在冰浴中冷却，加 2 g 碘化钾振摇溶解，暗处放置 10 min，用 0.05 mol/L 硫代硫酸钠标准溶液滴定，近终点时，加 3 mL 0.5% 淀粉指示液，继续滴定至溶液蓝色消失，同时作空白试验。

L-胱氨酸含量%（x）按下式计算

$$x = （V_1 - V_2）\times C \times 0.024\ 03 \times 100/G$$

式中：V_1——空白实验中硫代硫酸钠标准溶液的用量（d）
　　　V_2——硫代硫酸钠标准溶液的用量（d）；
　　　C——硫代硫酸钠标准溶液的浓度（mol/L）；
　　　G——样品重量（g）；
　　　0.024 03——每 mmol 的 L-胱氨酸的克数。

五、注意事项

（1）水解终点检查：取反应液 2 mL，加 10% 氢氧化钠 2 mL，然后滴入 2% 硫酸铜 4～5 滴，如不变色，即水解完全。
（2）pH 应采用 pH 计测量。
（3）反应中温度应较好地控制。

六、实验报告

（1）在脱色过程中，使用的活性炭是不是越多越好？为什么？
（2）简述胱氨酸提取的原理和技术关键。

实验二 萃取法提取精制槐花米中芦丁

一、实验的意义和目的

1. 意 义

槐花米系豆科槐属植物槐树（Sophora japonica L）的花蕾，自古用作止血药物。治疗吐血，痔疮便血、子宫出血、鼻血等症，所含主要成分为芸香苷，又称芦丁（Rutin，维生素 P），其含量高达 12%~16%，有调节毛细血管渗透性之作用，临床用作毛细血管止血药，如复方芦丁；也作为高血压的辅助治疗药物。

2. 目 的

掌握酸碱法或冷热水法萃取黄酮苷类的原理及方法。

二、实验的原理

1. 某些黄酮类成分性质

（1）芦丁（芸香苷，Rutin）：淡黄色针晶，水中结晶者含 3 分结晶水，$C_{27}H_{30}O_{16} \cdot 3H_2O$ 100 mmHg 和 110 ℃加热 12 h 后，变为无水物，无水物于 25 ℃变棕，115~117 ℃软化，214~215 ℃发泡分解，1 g 芦丁可溶于约 8 000 mL 冷水，200 mL 沸水，7 mL 沸甲醇，溶于吡啶，甲酰胺和碱液，微溶于乙醇、丙酮、乙酸乙酯，不溶于氯仿，二硫化碳、乙醚、苯和石油醚。

（2）槲皮素（Guereetin）：为芦丁的甙元，$C_{15}H_{10}O_7$，MW302.23；含二分子结晶水为黄色针晶（稀乙醇），1 g 溶于 290 mL 无水乙醇、23 mL 沸乙醇，溶于冰醋酸，一般在碱水中溶解显黄色，几不溶于水。

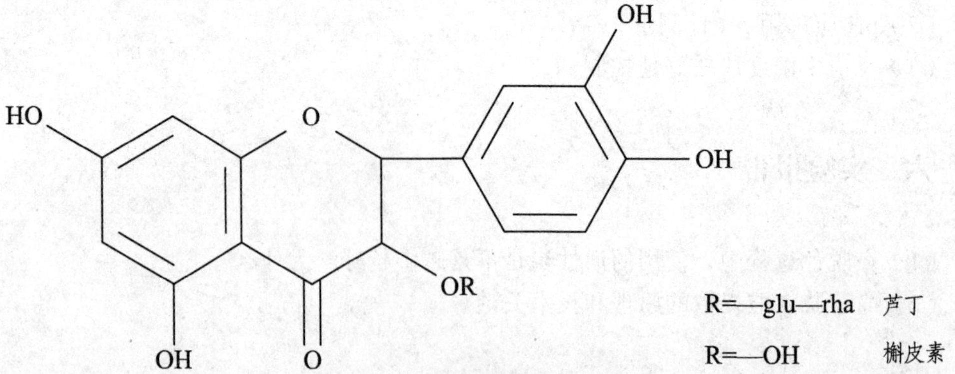

图 4-1 芦丁和槲皮素化学结构

R=—glu—rha 芦丁

R=—OH 槲皮素

2．原　理

利用芦丁在酸、碱中，和在冷、热水中溶解度的差别对槐花米中的芦丁进行提取和精制。

三、提取与分离精制

芦丁提取与分离精制流程如图 4-2 所示。

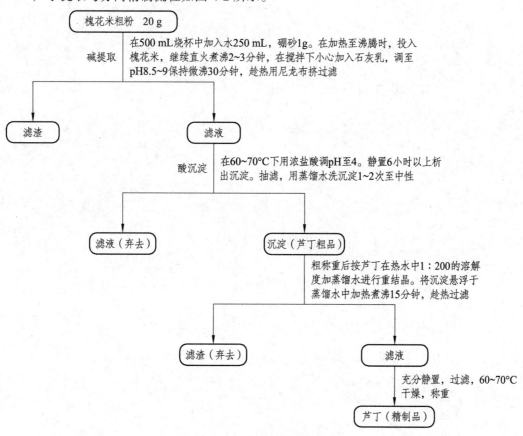

图 4-2　芦丁提取与分离精制流程

四、注意事项

（1）硼砂因能与芦丁结合，起保护邻二酚羟基，不被氧化破坏的作用，实验证明，提取时加入硼砂，产品质量要好些。

（2）加石灰乳既能达到碱溶解提取芦丁的目的，还可以除去槐花米中大量的黏液质和酸性树脂（形成钙盐沉淀），但 pH 不能过高和长时间煮沸，因为会导致芦丁的降解。不用尼龙布也可采用离心沉降法去除黏液、树脂、纤维等杂质后，抽滤获得芦丁溶液。

（3）pH 过低会使芦丁形成金属盐（如锌盐）等而降低收率。

实验三　芦丁的色谱/光谱检定

一、实验目的

（1）学习化学显色和薄层层析等的黄酮类物质定性鉴定的方法。

（2）掌握紫外光谱仪的操作，了解位移试剂改变黄酮类化合物的光谱来诊断其分子结构的方法。

（3）学习标准曲线法（外标法）光度比色定量。

二、实验原理

芦丁是由槲皮素和糖组成的苷（或甙）。层析分离鉴定是利用被鉴定物质在两相（固定相和展开剂）中亲和力的差异达到分离，而后根据其与对照品比移值 Rf 的大小比较进行定性。利用紫外吸收光谱，测定黄酮化合物在加入各种电解质或络合剂后吸收峰的位移，根据位移的情况，以判断化合物中羟基位置等结构信息。

三、芦丁的降解和层析鉴定

1. 芦丁的酸水解

称取精制芦丁约 2 g，研细，加 H_2SO_4 150 mL，投入 500 mL 锥形瓶中，放沸石，直火沸腾后，保持 2 h，放冷后抽滤，滤液保留作糖分的鉴定，水洗沉淀后，粗品用 95%乙醇大约 20 mL 回流溶解，趁热过滤，放置，加水至 50%左右浓度，得黄色针晶（槲皮素）。

2. 糖的纸层析鉴定

取水解母液 20 mL，于水溶上加热，同时于搅拌下加 $BaCO_3$ 细粉中和至中性，过滤 $BaCO_3$ 后，滤液在水浴上浓缩至 2~3 mL，得样品液，以葡萄糖和鼠李糖标准品作对照。

展开剂：正丁醇-醋酸-水（BAW）（4:1:5）上层，上行展开。

显色剂：苯胺-邻苯二甲酸试液，喷后 105 ℃烘 10 min。显棕红色斑点。

3. 芦丁和槲皮素的薄层层析鉴定

吸附剂：以 0.4%羧甲基纤维素钠水溶液浸泡青岛层析用硅胶 G 过夜，然后涂布在符合要求的玻璃板上制成薄板，凉干，置于 105 ℃活化 1 h，放入干燥器中备用。或直接购置已制好的硅胶 G 薄层板（20 cm×10 cm），同上活化、置干燥器中备用。（注：也可选用聚丙烯酰胺作为固定相制板）

展开剂：（1）CHCL₃-MeOH-HCOOH（15：5：1）

（2）CHCL₃-丁酮-HCOOH（5：3：1）

显色剂：1%FeCL₃和1%K3[Fe(CN)₆]水溶液，应用时等体积混合。

四、芦丁的光谱鉴定

1. 试剂配制

（1）无水甲醇：用分析纯的甲醇，加入 10%CaO，放置 24 h 后，加热回流 1 h，回流时冷凝管顶端应安装 CaCL₂ 干燥管，然后蒸馏得无水甲醇。

（2）甲醇钠溶液：取金属钠 0.25 g，切碎，小心加入无水甲醇 10 mL 中，此溶液贮存于玻璃瓶中，用橡皮塞密封。

（3）氢氧化钠溶液：取 2.0 g NaOH，加 10 mL 水溶解。

（4）三氯化铝溶液：2.5 g 无水三氯铝小心地加入无水甲醇 550 mL 中，放置 24 h 后全溶即得。

（5）醋酸钠：用无水粉状醋酸钠。

（6）硼酸饱和液：将无水硼酸加入适量无水甲醇，制成饱和溶液。

依照上述方法制备的各贮备液，可存放使用 6 个月。

2. 测定方法

精密称取黄酮样品（芦丁或槲皮素）约 1.2 mg，用无水甲醇溶解，再稀释至 100 mL。

（1）黄酮光谱：取样品溶液约 3 mL 置于石英杯（1 cm）中，在 200～500 nm 波段内进行扫描，重测一次，视光谱的重现性。

（2）氢氧化钠光谱：取样品溶液约 3 mL 置于石英杯中，加入氢氧化钠 2～3 滴后，立即进行测定。放置 5 min 后，再测定一次。

（3）甲醇钠光谱：取样品溶液约 3 mL 置于石英杯中，加入甲醇钠溶液 5～7 滴后，立即进行测定。放置 5 min 后，再测定一次。

（4）三氯化铝光谱：在盛有约 3 mL 样品溶液的石英杯中，加入 AlCl₃ 溶液 6 滴，放置一分钟后进行测定。测定后，加入 3 滴盐酸溶液（浓盐酸：水=1：1），再测定一次。

（5）醋酸钠光谱：取样品溶液约 3 mL 置于石英杯中，加入适量的无水醋酸钠固体，杯底剩有约 2 mm 的醋酸钠时，二分钟内进行测定。

五、芦丁的光度比色法测定

1. 试　剂

30%、60%乙醇，5%亚硝酸钠，10%硝酸铝，氢氧化钠，芦丁对照品。

2. 测定方法

（1）标准溶液的制备。

精密称取芦丁标准品 10 mg 置于 50 mL 的容量瓶中，加 60%乙醇适量，置水浴上微热溶解，放冷，用 60%乙醇稀释至刻度，摇匀。定量转入 100 mL 容量瓶中，用蒸馏水稀释至刻度，摇匀，即得芦丁含量为 0.1 mg/mL 的标准储备液。

（2）标准曲线的绘制。

精密吸取标准溶液 0.0 mL、1.0 mL、2.0 mL、3.0 mL、4.0 mL、5.0 mL 分别置于 10 mL 容量瓶（或刻度试管）中，均加 30%乙醇使成 5 mL。加 5%亚硝酸钠溶液 0.3 mL，摇匀，放置 10 min。加 10%的硝酸铝溶液 0.3 mL，摇匀，放置 10 min。再加 4%氢氧化钠溶液 4 mL，各用蒸馏水稀释至刻度，振荡，放置 15 min 后，置比色皿中。用第一比色皿作空白，在 510 nm 处光度比色测定。以吸光度为纵坐标，浓度为横坐标，绘制标准曲线。

（3）样品的测定。

精密称取芦丁产品 20 mg，置于 50 mL 容量瓶中，加 60%乙醇使其溶至刻度，摇匀。定量转入 100 mL 容量瓶中，用蒸馏水稀释至刻度，摇匀。取 2.0 mL、3.0 mL、4.0 mL 分别置于 10 mL 容量瓶（或刻度试管）中，均加 30%乙醇使成 5 mL，以下同标准液操作，据吸光度值从标准曲线查出相当于对照品芦丁的量。然后根据下式计算芦丁的含量：

芦丁的含量（%）= $M \times V \times n \div W \times 100$

其中，M——查标准曲线得相当于对照品芦丁的量（mg/mL）；

V——样品定容体积（mL）；

n——样品分取倍数；

W——样品质量（mg）。

六、实验报告

（1）芦丁提取精制过程中，你认为要把握的技术关键何在？

（2）简述薄层层析的实验操作过程，注意事项.

（3）计算你提取的芦丁得率。

实验四　离子交换树脂交换容量的测定

一、实验目的

（1）通过实验，加深对离子交换分离（交换吸附）的基本原理的认识。
（2）实践离子树脂装柱，学习洗脱操作。

二、实验原理

氢型阳离子交换树脂与碱作用生成水，为一不可逆反应。可用静态法测定总交换容量：

$$RH + NaOH \rightarrow RNa + H_2O$$

阴离子交换树脂不能采用类似的方法测定，应采用 CL 型树脂。当它与 Na_2SO_4 相作用时，生成氯化钠：

$$R(\equiv NHCL)_2 + Na_2SO_4 \rightarrow R(\equiv NHCL)_2SO_4 + 2\ NaCL$$

故可用动态法，滴定流出液中 CL 离子含量而测定其总交换容量。

三、实验材料

（1）试剂：732#氢型阳离子交换树脂、CL 型弱碱阴离子交换树脂 ZerolitG、0.1 mol/L 氢氧化钠标准溶液、0.1 mol/L 盐酸标准溶液、1 mol/L 硫酸钠溶液、0.1 mol/L 硝酸银标准溶液、甲基橙指示剂、铬酸钾（K_2CrO_4）指示剂。

（2）器具：三角瓶、吸管或移液管、酸式滴定管、小玻璃柱、烧杯、500 mL 容量瓶等。

四、实验的方法和步骤

1. 静态法测定

精确称取事先处理好并抽干的 732#氢型阳离子交换树脂 2 g，105 ℃下烘干至恒重，按下式计算含水量：

$$w\,(\%) = \{\,(m_1 - m_2)\,/m_1\}*100\%$$

式中：m_1——烘前树脂重量；

m_2——烘后树脂重量。

取上述树脂 1 g，放入三角瓶中，用吸管吸取 50 mL 0.1mol/L 氢氧化钠标准溶液，加入树脂中，放置 24 h，要求树脂全部浸入溶液中。然后，用吸管分别取出 10 mL，放入两只三角瓶中，以甲基橙作指示剂，溶液由无色变到红色为滴定终点，用 0.1 mol/L 盐酸标准溶液滴定，取两次滴定的平均值。

$$总交换容量 = (50c_1 - 50c_2 * v_2) / (m * (1 - w))$$

式中：m——湿树脂树脂质量（g）；

w——树脂含水量（%）；

c_1——NaOH 标准溶液的浓度（mol/L）；

c_2——HCl 标准溶液的浓度（mol/L）；

V_2——0.1 mol/L HCl 标准溶液的用量（mL）。

2. 动态法测定

精确称取事先处理好并抽干的 CL 型弱碱阴离子交换树脂 ZerolitG 2 g 左右，测定其含水量。同时另取 2 g 左右，装入小玻璃柱中，装柱时应注意，不应使树脂层中有气泡存在。然后通入 1 mol/L Na_2SO_4 溶液进行交换，用 500 mL 容量瓶收集流出液，流速约为 250 mL/h，流满刻度为止，吸取流出液 50 mL，用 0.1 mol/L $AgNO_3$ 标准滴定，以 K_2CrO_4 为指示剂，溶液从白色变为红色为滴定终点。总交换容量为：

$$总交换容量 = 10\, vc / m (1 - w)$$

式中：V——0.1 mol/L $AgNO_3$ 的用量（g）；

c——$AgNO_3$ 的浓度（mol/L）；

m——湿树脂重量（g）；

w——湿树脂含水量（%）。

五、实验报告（计算总交换容量）

表 4-1 静态法测定阳离子交换树脂的总交换容量

	1	2	3
抽干树脂质量/g			
树脂含水量			
氢氧化钠标准溶液浓度/（mol/L）			
盐酸标准溶液浓度/（mol/L）			
盐酸标准溶液初读数/mL			
盐酸标准溶液用量/mL			
总交换容量/（mmol/g）			
总交换容量平均值/（mmol/g）			
相对平均偏差/%			

表 4-2 动态法测定阳离子交换树脂的工作交换容量

	1	2	3
抽干树脂质量/g			
树脂含水量			
被测定流出液的体积/mL			
氢氧化钠溶液终读数/mL			
氢氧化钠溶液初读书/mL			
氢氧化钠溶液用量/mL			
工作交换容量/（mmol/g）			
工作交换容量平均值/（mmol/g）			
相对平均偏差/%			

实验五　香菇多糖的提取

一、实验目的

让学生了解香菇多糖的理化性质及提取工艺流程，掌握真空浓缩技术。

二、实验原理

香菇是一种药食两用真菌，具有提高免疫力、抗癌、降糖等多种生理功能。水溶性多糖作为香菇主要活性成分之一，主要以 β-1, 3-葡聚糖的形式，分子量从几万到几十万不等。通过有机溶剂提取，真空浓缩技术进行分离提取。

三、实验材料与试剂

原料：干香菇 500 g；
试剂：氯仿、正丁醇、医用纱布、浓硫酸、苯酚、工业酒精。

四、实验仪器

组织捣碎机、水浴锅、旋转蒸发器、1 cm 比色皿、751 分光光度计、电子天平、台式离心机、试管、量筒、烧杯、玻璃。

五、提取工艺流程

（1）1 kg 干香菇切成小块，以 1∶10（重量比）加入水，用组织捣碎机进行均质。

（2）取 200 mL 均质液放入 1 L 烧杯中，再加入 300 mL 蒸馏水，加热至沸后，温火煮沸 1 小时（注意：煮沸过程中用玻璃棒不断搅拌，以免烧杯底部发生糊结；并间歇加入少量水，使杯内液体体积保持在 500 mL 左右）。

（3）加热完毕后，将杯内液体用 8 层纱布过滤，除去残渣，上清液转入另一烧杯中。

（4）将上清液倒入圆底烧瓶中，在旋转浓缩仪上进行浓缩，浓缩条件为-0.1 MPa 、60 ℃，浓缩液体积至 100 mL 左右停止。

（5）将浓缩液在 1×10 000 g 离心 10 min，将上清液转入另一烧杯，除去残渣。

（6）上清液中加入等体积的氯仿正丁醇浓液（体积比为 4∶1），搅拌 5 min，静置 30 min。

（7）将混合液体在 $1 \times 5\,000$ g 下离心 20 min，分离水相。

（8）在水相中加入终浓度为 80% 的酒精，搅拌均匀，静置 20 min，$1 \times 5\,000$ g 下离心 10 min。

（9）取出沉淀物，放入已称重的干燥表面皿中，在真空干燥箱中 80 ℃下真空干燥。

（10）干燥后，称重，计算多糖的产率。

（11）准确称取干燥后多糖 20 mg 于 500 mL 容量瓶中，加水定容。

（12）取定容液 2 mL 加入 6% 苯酚 1 mL，混匀，再加入浓硫酸 5 mL，混匀，放置 20 min 后，于 490 nm 测吸光度。

（13）葡萄糖标准曲线的制定：准确称取葡萄糖 20 mg 定容于 500 mL 容量瓶中，分别取 0.4 mL、0.6 mL、0.8 mL、1.0 mL、1.2 mL、1.4 mL、1.6 mL 及 1.8 mL，补水至 2 mL，依 12 步骤反应液，并分别测吸光度，根据葡萄糖浓度和吸光度绘制标准曲线。

（14）根据香菇多糖吸光度和葡萄糖标准曲线，计算多糖纯度。

六、思考题

（1）根据以上实验步骤，表达多糖产率及纯度的计算公式。

（2）利用所学生物化学知识，分析多糖沉淀原理。

实验六　植物叶中胡萝卜素的分离与含量测定

一、实验的意义和目的

1. 意　义

1831 年，瓦坎罗德尔（Wackenroder）从胡萝卜中分离到了胡萝卜素，但直到 20 世纪 30 年代，胡萝卜素的化学结构才得以确定。植物中的胡萝卜素经人体吸收后，可以在体内转变为有生理活性的维生素 A，其中起主要作用的是 β-胡萝卜素。胡萝卜素能够治疗因维生素 A 缺乏所引起的各种疾病。此外，胡萝卜素还能够有效清除体内的自由基，预防和修复细胞损伤，抑制 DNA 的氧化，预防癌症的发生。β-胡萝卜素还可以作为禽畜饲料添加剂，能提高鸡的产蛋率，还可以提高牛的生殖能力。β-胡萝卜素具有优良的着色性能，着色范围是黄色、橙红，着色能力强，色泽稳定均匀，能与 K、Zn、Ca 等元素并存而不变色，尤其适合添加在儿童食品中。因此，被广泛作为食品、饮料及饲料的添加剂使用。β-胡萝卜素本身是油溶性的，非常适合油性产品或蛋白质类产品的开发，如人造奶油、胶囊、鱼浆制品、素食产品、速食面、调理包等等。因此，β-胡萝卜素是联合国粮农组织和世界卫生组织食品添加剂联合委员会认可的无毒、有营养的食品添加剂。研究还表明，将抗氧化维生素涂抹在皮肤上，不仅能防止紫外线的伤害，还能促进对已被伤害皮肤的修复，使皮肤保持弹性，β-胡萝卜素因而也逐渐应用于化妆品等新兴市场。

2. 目　的

（1）掌握干法装柱操作技术和液相色谱的操作技术；
（2）了解液相色谱的基本结构和实验的基本原理。

二、实验原理

胡萝卜素常和叶绿素、叶黄素等共同存在于植物中，这些色素都能被有机溶剂提取出来，对测定胡萝卜素有干扰，所以要将胡萝卜素与其他色素分开。目前广泛采用的分离方法是柱层析法。利用一定的吸附剂对不同色素的不同吸附能力，将样品提取液中有生理价值的胡萝卜素从其他色素中分离出来，在适当的条件下，各种色素被吸附在吸附柱的不同位置上，形成色谱。然后用洗脱剂将所需要的胡萝卜素洗脱下来，在分光光度计上 440 nm 波长处测定其浓度，从而推算出样品中胡萝卜素的含量。

三、实验样品、器材及试剂

（1）样品：紫苏叶。

（2）器材：恒温水浴锅、有机溶剂冷凝回流装置、分液漏斗 125 mL、层析柱 200×10 mm、抽滤装置 125 mL 抽滤瓶、试管、分光光度计。

（3）试剂：丙酮、石油醚（60～90 ℃）、无水硫酸钠；吸附剂：氧化镁（900 ℃活化）、硅藻土；洗脱剂：丙酮：石油醚 = 3：97。

（4）胡萝卜素标准贮备液（溶 20 mg 标准胡萝卜素于 3 mL 氯仿中，然后以石油醚稀至 50 mL，此液浓度为 400 mg/L）。

四、操作步骤

1. 提　取

（1）称过 40 目筛干样品 3 g，放入 500 mL 圆底烧瓶中，加入 40 mL 丙酮：石油醚 = 3：7 混合液，套上球形冷凝管（以每秒一滴的回流速度调整水流加热温度）。

（2）在水浴中加热回流 1 h。

（3）将混合提取液通过塞脱脂棉漏斗滤入盛有 70 mL 水的 125 mL 分液漏斗中。

（4）残渣用石油醚提洗数次，每次用约 5～8 mL 石油醚，提洗液倒入分液漏斗中。

（5）轻轻振荡分液漏斗，静置分层放弃水相，每次用水 70 mL，重复洗涤 3 次（最后一次水相必须排放干净），除去丙酮，加一勺（约 1 g）无水 Na_2SO_4 于分液漏斗中吸除水分。

2. 层　析

（1）层析柱制备。

① 层析柱底部塞脱脂棉。

② 将层析柱接在抽滤瓶上抽气。

③ 装入氧化镁-硅藻土吸附剂，装时用手轻击管柱，使其更加均匀，装入吸附剂高度约 10 cm。

加入约 1 cm 高的无水 Na_2SO_4。

（2）层析。

① 加石油醚 20 mL 于层析柱内，使吸附剂湿透并赶走其中的空气。

② 当无水 Na_2SO_4 上面还有少量的石油醚时，立即将提取液自分液漏斗注入层析柱内。

③ 取洗脱剂 10 mL 分两次洗涤分液漏斗，待提取液几乎全部进入 Na_2SO_4 时，注入

层析柱内。

④ 连续用洗脱剂淋洗层析柱，使胡萝卜素随溶剂洗下，溶液即出现黄色。

⑤ 取另一抽滤瓶收集胡萝卜素溶液，继续淋洗至滤液由黄色变成无色为止。

⑥ 用石油醚转移胡萝卜素溶液到 50 mL 或 100 mL 容量瓶中并定容。

3．胡萝卜素溶液浓度测定

（1）测定单个胡萝卜素标准溶液（浓度为 1.24 mg/L）吸光度。（用 400 mg/L 胡萝卜素标准贮备液配制 0.0 mg/L、0.2 mg/L、0.4 mg/L、0.8 mg/L、1.6 mg/L、3.2 mg/L、4.8 mg/L 的系列标准溶液，）于分光光度计上 440 nm 波长处，以石油醚作参比，测定标准溶液的吸光度。（胡萝卜素的标准溶液亦可用 0.02%重铬酸钾溶液代替。0.02 g/100 mL，每毫升相当于 1.24 μg 胡萝卜素。）

（2）样品溶液浓度测定。

用石油醚调整样品溶液浓度，使测定所得吸光度与标准溶液测得的吸光度相接近。

（3）以系列标准溶液浓度为 X，吸光度为 Y 作回归方程，由回归方程求得样品测定溶液浓度，与胡萝卜素标准溶液吸光度比较，求出测定液中胡萝卜素浓度 mg/L。

五、结果计算

胡萝卜素（mg/g）= 样品测定溶液浓度（mg/L）×分离定容液体积（mL）×测定液的稀释倍数/（样品重*1 000）

六、实验报告

（1）简述胡萝卜素分离的操作过程。

（2）报告实验结果。

实验七 溶菌酶结晶的制备

一、实验目的

（1）溶菌酶结晶的制备，掌握盐析法提取蛋白质的原理和过程；
（2）学会溶菌酶的结晶和精制方法。

二、实验材料与仪器

新鲜鸡蛋、氯化钠、1 mol/L 氢氧化钠溶液、醋酸缓冲液、烧杯、玻璃棒、布氏漏斗、干燥箱。

三、实验原理

溶菌酶又称细胞壁质酶或 N-乙酰胞壁质聚糖水解酶，是一种国内外很紧俏的生化物质，广泛应用于医学临床，具有多种药理作用，能抗感染、消炎、消肿、增强体内免疫反应，有抗菌的作用，常用于五官科多种黏膜炎症，皮肤带状疱疹等疾病。是优良的天然防腐剂，可用于食品的防腐保鲜。近年来，溶菌酶已成为基因工程及细胞工程必不可少的工具酶。

四、实验步骤

1. 收集鸡蛋清

将新鲜鸡蛋两端各敲一个小洞，使蛋清流出（最好是新生的鸡蛋、pH 不得低于 8，否则不能使用），按其体积的两倍量加入水，轻轻搅拌 5 min，使蛋清溶液的稠度均匀，注意在搅拌过程中不能起泡，搅拌不宜过快、搅拌棒应光滑等，以防蛋白质变性而影响溶菌酶产品的得率及质量，最后用双层细纱布滤除蛋清溶液中的脐带块及碎蛋壳等。

2. 加入氯化钠

按每 100 mL 蛋清溶液加入 2 g 氯化钠的比例，白蛋清溶液中慢慢加入氯化钠细粉，边加边搅拌，促使氯化钠细粉及时溶解，以避免局部浓度过高或沉淀于容器底部，否则会引起蛋白质的变性而产生大量的白色沉淀。

3. 粗制溶菌酶

加完氯化钠细粉后，再用 1 mol/L 的氢氧化钠溶液小心地将上述蛋清溶液的 pH 调节到 10.8。在用氢氧化钠溶液调节蛋清溶液 pH 时，用胶头滴管将其逐渐滴入并不断搅拌以免局部过碱而导致蛋白质的变性，从而影响溶菌酶的得率和质量。为加速溶菌酶的结晶过程，可再加入适量的溶菌酶结晶体作为晶种。低温下静置数天，溶菌酶结晶将慢慢析出，于 72~96 h 达到最高产率。待结晶完全后，倾去上清液并用布氏漏斗滤出结晶，即可得到粗制的溶菌酶晶体。

4. 精制溶菌酶

将制得的粗结晶用 pH 4.6 的醋酸溶解，然后让酶液静置 2 h，接着过滤除去不溶物，收集滤液并量出体积，按 100 mL 滤液加 5 g 氯化钠的比例加入（加入方法与第二步加入氯化钠的方法相同）。然后用 1 mol/L 的氢氧化钠溶液缓慢地将其 pH 调节到 10.8 后，低温下静置结晶。为加速结晶过程可向酶液中加入溶菌酶晶种，待结晶完全后再倾去上清液，用布氏漏斗过滤可得溶菌酶结晶，如纯度不够，可重复操作提纯，直至达到所需要的纯度为止，结晶于 30~40 ℃烘干后即得溶菌酶产品。

5. 包装存贮

产品应装于玻璃或陶瓷容器中，置于阴冷处保存，以免溶菌酶受热后失去活性。

注意事项：

① 整个过程只能在玻璃或陶瓷容器中进行，不可用金属容器，以免酶失活而影响产品的得率及质量。

② 操作的全过程要在低温下进行（10 ℃以下），防止原料变质和酶失活。

③ 第三步中加入溶菌酶晶种的具体操作是将溶菌酶晶体均匀地悬浮于少量的 pH 为 10.8，浓度为 5%氯化钠溶液中，取几滴加入到调好的 pH 和氯化钠浓度的蛋清液内，再置低温处结晶。

第五章　生物发酵分析与检测

>>> 实验一　样品中还原糖和总糖的测定

一、实验目的

掌握还原糖和总糖含量测定的原理，并能解释操作过程。掌握滴定法测定还原糖的要领。能严格按操作规程进行安全操作，真实记录；会分析实验结果；有效地核算实验成本，能进行环保处理。学会分析、判断、解决问题，在学与做的过程中锻炼与他人交往、合作的能力。

二、实验原理

样品经除去蛋白质后（醋酸铅法），在加热条件下，直接滴定标定过的斐林试剂，以次甲基蓝为指示剂，根据样品液消耗体积，计算还原糖量。

三、实验试剂与仪器

（1）斐林试剂甲液：称取 15 g 硫酸铜（$CuSO_4 \cdot 5H_2O$）及 0.05 g 次甲基蓝，溶于水并稀释至 1 000 mL。

（2）斐林试剂乙液：称取 50 g 酒石酸钾钠及 75 g 氢氧化钠，溶于水中，再加入 4 克亚铁氰化钾，完全溶解后，用水稀释至 1 000 mL，贮存于橡胶塞玻璃瓶内。

（3）葡萄糖标准液 1 mg/mL：称取 1.000 g 经 98～100 ℃ 干燥至恒重的纯葡萄糖，加水溶解后加入 5 mL 浓盐酸，用准确稀释定容至 1 000 mL。

（4）6 mol/L 盐酸溶液：量取浓盐酸 50 mL，加水稀释至 100 mL。

（5）1 g/L 甲基红指示液：称取甲基红 0.10 g，溶于乙醇并稀释至 100 mL。

（6）200 g/L 氢氧化钠溶液：称取氢氧化钠 20 g，用水溶解并稀释至 100 mL。

四、实验步骤

（一）还原糖测定

1. 糖供试液制备

准确称固态样品 1-2 g 或发酵液 100 mL 于 250 mL 容量瓶中（去皮橙子 5 克研磨定容 100 mL，离心去沉淀，注：过滤困难）。加固体 $CaCO_3$ 0.5 ~ 1.5 g 中和酸性，加水至 150 mL，摇匀。80 ℃水浴中浸提 30 min。用中性醋酸铅沉淀分离干扰物质，具体操作为滴加中性醋酸铅溶液至不再产生白色絮状沉淀为止，充分混匀，静置 15 min，再检查干扰物质是否沉淀完全，过量的醋酸铅用 Na_2SO_4 饱和溶液除去。水定容 250 mL，过滤，为供试液。

2. 斐林试剂的标定

吸取甲液和乙液各 5 mL，置于 150 mL 三角瓶中，加水 10 mL，加入玻璃珠 2 粒，再从滴定管滴加约 9 mL 标准葡萄糖溶液，控制在 2 min 内加热至沸腾，趁沸以每两秒 1 滴的速度继续滴加葡萄糖标准液，直至溶液蓝色刚好褪去为终点，记录消耗葡萄糖标准液的总体积。同法操作三份，取平均值，计算每 10 mL（甲乙液各 5 mL）斐林试剂相当于葡萄糖的质量（mg）。

3. 待测液预测

将待测样品溶液装入滴定管中。吸取斐林试剂甲液及乙液各 5.0 mL，置于 150 mL 三角瓶中，加水 10 mL，加入玻璃珠 2 粒，控制在 2 分钟内加热至沸腾，趁沸以先快后慢的速度，从滴定管中滴加待测样品溶液，并保持溶液沸腾状态，待溶液颜色变浅时，以每两秒 1 滴的速度滴定至终点，记录预测液消耗体积。

4. 待测液测定

用待测液代替标准葡萄糖溶液，按 1 步骤操作，滴定前预先加入比预测体积少 1 mL 的待测液，在 2 min 内加热至沸腾后，继续滴定。记录到达终点时待测液的消耗体积。同法平等测定三份，求出平均消耗体积。

5. 结果计算

$$样品中还原糖的含量（mg / mL）= \frac{V_1 C}{V_2}$$

式中：C——葡萄糖标准溶液的浓度，mg/mL；

V_1——标定斐林试剂消耗葡萄糖标准液的平均体积，mL；

V_2——待测液滴定时消耗的体积，mL。

（二）总糖测定

1. 测定方法

吸取试样 2.00 mL～10.00 mL（控制水解液总糖量为 1 g/L～2 g/L）于 500 mL 容量瓶中，加水 50 mL 和盐酸溶液 5 mL，在 68 ℃～70 ℃水浴中加热 15～20 min。冷却后，加入甲基红指示液 2 滴，用氢氧化钠溶液中和至红色消失（近似于中性）。加水定容，摇匀，用滤纸过滤后备用。

测定时，以试样水解液代替葡萄糖标准溶液，操作步骤同还原糖。

2. 结果计算

$$样品中总糖的含量（\%）= \frac{V_1 C}{V_2} \times 10^{-3} \times \frac{V}{m} \times 100$$

式中：C——葡萄糖标准溶液的浓度，mg/mL；

V_1——标定斐林试剂消耗葡萄糖标准液的平均体积，mL；

V_2——待测液滴定时消耗的体积，mL；

V——样品定容体积，mL；

M——样品取样质量，g。

五、注意事项

（1）费林试液与还原糖反应是定量关系，它的量直接影响测定结果的准确性，所以以费林试液必须精确吸取，保证每次取样量一致。应注意以下几点。

① 甲液和乙液使用各自的吸管，不能混用，而且溶液在吸管中刻度液面的位置要保持一致。

② 吸管外壁残留的溶液会造成取样量的误差，所以要习惯性地对吸管外壁的残留液进行相同处理，保证每次外壁残留液相对一致，从而减少误差。

③ 甲、乙液放入三角瓶的速度要保持一致（不可吹），放完后要观察其残留在吸管中的量有多少，要保证每次残留量一致。

④ 甲液的不是很明显的沉淀（或浓度变化）也会对测定造成波动，取甲液的器具切记不要与碱性物质接触（同时也要注意防止将碱性物质带入甲液中），以避免产生沉淀，盛甲液的容器时间长了，内壁上也会残留固体（硫酸铜），这些固体颗粒也会造成检测误差。

⑤ 容器内剩余少量甲、乙液时，其几个小时的蒸发量也会造成浓度的变化，所以检测时还应经常验证一下空白，特别是数据异常时。

（2）滴定速度要保持均衡一致，速度以每 1~2 s 一滴为好（速度不要因滴定时间的长短而变化）。

（3）电炉的温度对检测结果也有影响，所以要保证电炉充分预热，同时三角瓶在电炉上的放置位置要保持一致。

（4）测定时液体沸腾后开始滴定的时间也要保持一致，一般等液体充分沸腾后再开始滴定。

（5）滴定终点的判断也要保持一致。

（6）样液稀释及取样也要注意精确，注意吸管的正确使用方法。

（7）注意滴定管尖端气泡等对检测数值的影响。

（8）三角瓶使用后要清洗干净。

（9）检测样品时注意加水体积，加水量为滴定数与空白数之差，使样品检测总体积与空白滴定总体积大致相等。

（10）滴定速度、锥形瓶壁厚度和热源的稳定程度等，对测定精密度影响很大。平行测定的滴定体积相差不应超过 0.1 mL，故在标定、预滴、正式滴定过程中，实验条件应力求一致。

（11）滴定应该始终保持在微沸状态下进行。沸腾后继续滴定至终点的体积应控制在 0.5~1 mL 内，否则应重新测定。

（12）样品液中还原糖浓度不宜过高或过低，根据预备滴定结果，应将样品液稀释至还原糖的含量在 1% 左右。

（13）滴定至终点蓝色褪去之后，就不应再滴定，因为次甲基蓝指示液被还原褪色后，当接触空气时，又会被氧化而重新显示蓝色。

（14）费林试剂与还原糖之间的反应因受溶液碱性、加热温度和时间以及副反应等影响，而没有严格的定量关系，不能由当量定律来求出试样中的还原糖的含量，只能根据在相同实验条件下消耗相应的标准还原糖量或由严格相同的实验条件下得出的还原糖检索表上查得相应的还原糖量来进行计算。所以用这种方法测定糖时，必须先用相应的标准还原糖标定费林试剂。

实验二 原料中淀粉含量的测定

一、实验目的

掌握淀粉含量测定的原理，并能解释操作过程。掌握滴定法测定总酸的要领，并且能够熟练使用酸度计完成检测。能严格按操作规程进行安全操作，真实记录；会分析实验结果；有效地核算实验成本，能进行环保处理。学会分析、判断、解决问题，在学与做的过程中锻炼与他人交往、合作的能力。

二、实验原理

淀粉是由单一的葡萄糖分子脱水聚合而成的，葡萄糖分子是以 α-1, 4-糖苷键、α-1, 3-糖苷键、α-1, 6-糖苷键连接而成的天然物质。

试样经除去脂肪和可溶性糖类后，其中 α-淀粉经淀粉酶水解成双糖，双糖再用盐酸水解成具有还原性的单糖，最后按还原糖测定，并折算成淀粉。

三、实验仪器与试剂

1. 仪 器

（1）粉碎磨：粉碎样品，使其完全通过孔径 0.45 mm（40 目）的筛。

（2）天平：分度值 0.01 g。

（3）锥形瓶：250 mL。

（4）回流冷凝装置：能与 250 mL 锥形瓶瓶口相匹配。

（5）容量瓶：250 mL。

（6）抽滤装置：由玻璃砂芯漏斗和抽滤瓶组成，用水泵或真空泵抽滤。

（7）恒温水浴锅。

2. 试 剂

（1）淀粉酶溶液：称取 α-淀粉酶 0.5 g，加 100 mL 水溶解，加入数滴甲苯或三氯甲烷，防止长霉。

（2）碘溶液：称取 3.6 g 碘化钾溶于 20 mL 水中，加入 1.3 g 碘，溶解后加水稀释至 100 mL。

（3）85%乙醇。

（4）6 mol/L 盐酸：取盐酸 100 mL，加水至 200 mL。

（5）200 g/L 氢氧化钠溶液。

（6）甲基红指示液：称取 0.1 g 甲基红，用 95%乙醇溶液定容至 100 mL。

（7）乙醚。

（8）盐酸（1∶1）：量取 50 mL 盐酸，加水稀释至 100 mL。

（9）碱性酒石酸铜甲液：称取 15 g 硫酸铜（$CuSO_4·5H_2O$）及 0.05 g 次甲基蓝，溶于水，并稀释至 1 000 mL。

（10）碱性酒石酸铜乙液：称取 50 g 酒石酸钠和 75 g 氢氧化钠，溶于水中，再加入 4 g 常规成分分析亚铁氰化钾，完全溶解后，用水稀释至 1 000 mL，贮于具橡胶塞玻璃瓶内。

（11）乙酸锌溶液（219 g/L）：称取 21.9 g 乙酸锌，加入 3 mL 冰乙酸，加水溶解并稀释至 100 mL。

（12）亚铁氰化钾溶液（106 g/L）：称取 10.6 g 亚铁氰化钾，加水溶解并稀释至 100 mL。

（13）氢氧化钠溶液（40 g/L）：称取 4 g 氢氧化钠，加水溶解并稀释至 100 mL。

（14）葡萄糖标准溶液：称取 1 g（精确至 0.000 1 g）经过 98～100 ℃干燥 2 h 的葡萄糖，加水溶解后，加入 5 mL 盐酸，并用水稀释至 1 000 mL。此溶液每毫升相当于 1.0 mg 葡萄糖。

四、实验步骤

1. 试样制备

试样的制备：取经缩分的待℃测样品，用粉碎磨粉碎至全部通过 0.45 mm 孔筛，充分混合，保存备用。

2. 试样处理

（1）称取试样 2～5 g（m_0，精确至 0.01 g），置于放有折叠滤纸的漏斗内，先用 50 mL 乙醚分 5 次洗涤去除脂肪，再用约 100 mL 乙醇洗涤除去可溶性糖类，将残留物移入 250 mL 烧杯内，并用 50 mL 水洗滤纸及漏斗，洗液并入烧杯内。

注：试样中含脂肪量很少时，可不用乙醚洗涤。

（2）将烧杯置于沸水浴上加热 15 min，使淀粉糊化。

（3）将糊化的试样放置冷却至 60 ℃以下，加 20 mL α-淀粉酶溶液，在恒温水浴锅中 55～60 ℃保温 1 h，并经常搅拌。取酶解液 1 滴，加 1 滴碘溶液，应不显蓝色，若显蓝色，再加热糊化并加入 20 mL α-淀粉酶溶液，继续保温，直至加碘不显蓝色为止。

（4）将酶解完全的试样加热至沸，冷却后移入 250 mL 容量瓶中并加水定容至刻度线，混匀，过滤，弃去初滤液。

（5）取 50 mL 滤液，置于 250 mL 锥形瓶中，加入 5 mL 盐酸，装上回流冷凝管，在沸水浴中回流 1 h，冷却后加入 2 滴甲基红指示液，用氢氧化钠溶液中和至中性，溶液转入 100 mL 容量瓶中，洗涤锥形瓶，洗液并入 100 mL 容量瓶中，加水定容至刻度，混匀备用。

3．测定方法

（1）样液的处理。

取处理好的试样 5～15 g（精确至 0.001 g），置于 250 mL 容量瓶中，加入 50 mL 水，慢慢加入 5 mL 亚铁氰化钾溶液，加水至刻度，混匀，静置 30 min，用干燥的滤纸过滤，弃去初滤液，取续滤液备用。

（2）标定碱性酒石酸铜溶液。

吸取 5.0 mL 碱性酒石酸铜溶液甲液和 5.0 mL 碱性酒石酸铜溶液乙液，置于锥形瓶中，加水 10 mL，加入玻璃珠两粒，从滴定管中加入约 9 mL 葡萄糖标准溶液，控制在 2 min 内加热至沸腾，继续滴定，至溶液蓝色刚好褪去即为终点，记录消耗葡萄糖标准溶液的总体积。同时平行测定三份，取其平均值，计算 10 mL 碱性酒石酸铜溶液相当于葡萄糖的质量。

（3）试样溶液预测。

吸取 5.0 mL 碱性酒石酸铜溶液甲液和 5.0 mL 碱性酒石酸铜溶液乙液，置于锥形瓶中，加水 10 mL，加入玻璃珠两粒，控制在 2 min 内沸腾后，先快后慢从滴定管中滴加样液，保持溶液沸腾状态，直至溶液蓝色刚好褪去即为终点，记录消耗样液的体积。若样液中还原糖浓度过高，应适当进行稀释后再测定，使每次滴定消耗样液的体积控制在与标定碱性酒石酸铜溶液时所消耗的葡萄糖标准溶液体积相近，约 10 mL。当浓度过低时则直接加入 10 mL 样液，免去加 10 mL 水，再用葡萄糖标准溶液滴定至终点，记录消耗的体积与标定时消耗的还原糖标准溶液体积之差相当于 10 mL 样液中所含还原糖的量。

（4）试样溶液测定。

吸取 5.0 mL 碱性酒石酸铜溶液甲液和 5.0 mL 碱性酒石酸铜溶液乙液，置于锥形瓶中，加水 10 mL，加入玻璃珠两粒，从滴定管中加入比预测体积少 1 mL 的试样溶液至锥形瓶中，使在 2 min 内加热至沸腾，保持沸腾状态滴定，直至蓝色刚好褪去即为终点，记录消耗体积，同时平行做三份测定，得出平均值即为消耗体积。

同时量取 10 mL 水及与试样处理时相同量的 α-淀粉酶溶液，按同一方法做试剂空白试验。

4. 结果计算

（1）还原糖含量。

试样中还原糖的含量（以葡萄糖计）按下式计算：

$$X_1 = \frac{m_1'}{m' \times V/250 \times 1000} \times 100$$

式中：X_1——试样中还原糖的含量，g/（100 g）；

m_1'——碱性酒石酸铜溶液相当于某种还原糖的质量，mg；

m'——试样的质量，g；

V——测定时平均消耗样液的体积，mL。

（2）淀粉含量。

试样中淀粉的干基含量（X）以质量分数表示，按下式计算：

$$X = \frac{500 \times 0.9 \times (m_1 - m_2)}{m_0 \times V \times (1 - \omega) \times 1000} \times 100\%$$

式中：X——试样中淀粉的干基含量，%；

m_1——转化后测得的还原糖（以葡萄糖计）的质量，mg；

m_2——试剂空白相当于还原糖（以葡萄糖计）的质量，mg；

m_0——试样质量，g；

V——测定时消耗样液的体积，mL；

ω——试样水分含量，%；

0.9——还原糖（以葡萄糖计）换算成淀粉的换算系数。

五、注意事项

（1）每份样品应平行测定两次，平行试样测定的结果符合重复性要求时，取其算术平均值作为结果，测定结果保留到小数点后两位。

（2）重复性：同一实验室，由同一操作者使用相同设备，按照相同的测试方法，并在短时间内，对同一被测对象，相互独立进行测试获得的两次独立测试结果差的绝对值不大于这两个测定值的算术平均值的5%。

六、思考题

（1）用直接滴定法测定还原糖过程中，为什么要进行预滴？

（2）在整个滴定过程中，为什么要保持液面沸腾？

（3）滴定至终点，蓝色消失，停止加热，溶液又恢复蓝色，为什么？

（4）用直接滴定法测定还原糖过程中，有哪些细节需要注意？

（5）费林试剂在配制和存放过程中需要注意些什么？

（6）测定淀粉含量时，请简述水解样品的过程，并指出需要注意的细节。

（7）铁氰化钾测定还原糖过程中，有哪些注意事项？

一、实验目的

掌握粗蛋白的测定方法。熟悉与掌握凯氏定氮法的基本操作，包括样品处理、蒸馏、滴定等。能严格按操作规程进行安全操作，真实记录；会分析实验结果，出具完整的报告；学会分析、判断、解决问题，在学与做的过程中锻炼与他人交往、合作的能力。

二、实验原理

1. 消　化

试样与浓硫酸和催化剂一同加热消化，使有机质破坏、蛋白质分解，其中碳和氢完全被氧化为二氧化碳和水逸去，样品中的有机氮转化为氨，与过量的硫酸结合生成硫酸铵，留在溶液中。

蛋白质在酸的作用下，分解生成氨基酸，氨基酸又与硫酸发生反应：

蛋白质 + 酸 → 氨基酸

氨基酸 + H_2SO_4 → NH_3 + CO_2 + SO_2 + H_2O

反应中产生的 CO_2、SO_2、H_2O 都在分解时挥发，其中 NH_3 与硫酸相结合生成硫酸铵：

$2NH_3 + H_2SO_4 \rightarrow (NH_4)_2SO_4$

消化时加入硫酸铜作催化剂，因为用硫酸分解有机物反应非常缓慢，加入硫酸铜可以加速分解反应，消化完成后，溶液变为清澈的淡绿色。

$C + 2CuSO_4 \rightarrow Cu_2SO_4 + SO_2\uparrow + CO_2\uparrow$

$Cu_2SO_4 + 2H_2SO_4 \rightarrow 2CuSO_4 + 2H_2O + SO_2$

加入硫酸钾，是为了提高溶液沸点，从而加速分解这一过程：

$K_2SO_4 + H_2SO_4 \rightarrow 2KHSO_4$

$2KHSO_4 \rightarrow K_2SO_4 + H_2O + SO_2$

在消化过程中，随着硫酸的不断分解，水分的不断蒸发，硫酸钾的浓度逐渐增大，沸点升高，加速了对有机物的分解作用。

加入过氧化氢，是利用其氧化性，以加快反应速度或补充消化：

2. 蒸　馏

硫酸铵在碱性条件下，释放出氨，通过加热蒸馏，氨随水蒸气蒸出：

$$(NH_4)_2SO_4 + 2NaOH \rightarrow Na_2SO_4 + 2H_2O + 2NH_3$$

3. 吸收和滴定

蒸馏出来的氨被硼酸溶液吸收，然后用硫酸标准溶液滴定生成的硼酸铵（属于盐类的 滴定）。硼酸为极弱的酸，在滴定中并不影响所用指示剂的变色反应。根据消耗硫酸标准溶液的体积，计算总氮含量，再乘以蛋白质系数，即为粗蛋白质的含量。

$$2NH_3 + 4H_3BO_3 \rightarrow (NH_4)_2B_4O, + 5H_2O$$
$$(NH_4)_2B_4O_7 + H_2SO_4 + 5H_2O \rightarrow (NH_4)_2SO_4 + 4H_3BO_3$$

三、实验试剂与仪器

$CuSO_4$、K_2SO_4、浓 H_2SO_4、3%硼酸溶液（由于试剂纯度问题 2%不理想）、40%NaOH 溶液、15%三氯乙酸、0.02 mol/L　HCL 标准溶液、1%甲基红与 0.1%溴甲酚绿（1：5）混合指示液（95%乙醇溶解）。

可调电炉、半微量定氮蒸馏器、100 mL 三角瓶、50 mL 容量瓶、10 mL 吸管、滴定装置。

四、实验步骤

1. 样品加热消化

（1）总氮：准确称取固体样品 0.5 g 或者液体样品 10 mL 左右，置于 100 mL 三角瓶中，再加入混合催化剂（$CuSO_4$-K_2SO_4 0.4：6）2.0 g 及 10 mL 浓硫酸，摇匀后将三角瓶置于电炉上，并在三角瓶口放一小漏斗。小心加热，待样品全部炭化，等泡沫停止，逐步加强火力，保持瓶内液体微沸，至液体呈蓝绿色澄清透明后，再继续加热 0.5 h，冷却。将消化液移入 50 mL 容量瓶中，并用少量水洗涤三角瓶 2～3 次，再加水至刻度混匀备用。

（2）蛋白氮：吸取 10 mL 左右液体样品，加入 15%三氯乙酸溶液 5 mL 使蛋白质沉淀，过滤取上清液消化蒸馏滴定测其含氮量，即为非蛋白氮。

蛋白氮=总氮-非蛋白氮

2. 加碱蒸馏

装好定氮装置，于蒸汽发生瓶内装水至约 2/3 处，加热煮沸蒸汽发生瓶内的水。向接收瓶内加入 20 mL 3%硼酸溶液及混合指示剂 2 滴，并使冷凝管的下端插入液面下，吸取 5.0 mL 消化稀释液由小玻杯流入反应室，并以水洗涤小烧杯，使之流入反应室，塞紧小玻杯的棒状玻塞。再移取 5 mL 40%NaOH 溶液倒入小玻杯，提起玻塞使其缓慢流入反应室，立即将玻塞盖紧，并加水于小玻杯内以防漏气。夹紧螺旋夹，开始蒸馏。蒸汽通入反应室使氨通过冷凝管而进入接收瓶内，蒸馏 5 min，移至接收瓶，使冷凝管下端离开液面，再蒸馏 1 min。

3．滴　定

用少量水冲洗冷凝管下端外部。取下接收瓶，以 0.02 mol/L　HCl 标准溶液滴定至溶液由蓝绿色变成红色为终点。同时吸取 5.0 mL 试剂空消化液做同样操作。

4．结果计算

$$固体样品的蛋白质含量 \ X = \frac{(V_1 - V_2) \times C \times 0.014}{m \times \dfrac{5}{50}} \times F \times 100$$

$$液体样品的蛋白质含量 \ X = \frac{(V_1 - V_2) \times C \times 0.014}{V \times \dfrac{5}{50}} \times F \times 100$$

式中：X——样品中蛋白质的含量，%；

V_1——样品消耗盐酸标准液的体积，mL；

V_2——试剂空白消耗盐酸标准液的体积，mL；

C——盐酸标准液的浓度，mol/L；

0.014——1 mol/L HCl 标准液 1 mL 相当于氮的克数；

m——样品的质量，g；

F——氮换算为蛋白质的系数，F 取 6.25；

V——液体样品的取样体积，mL；

5/50——蒸馏时取样体积/定容体积。

五、注意事项

（1）样品应尽量选取具有代表性的，大块的固体样品应用粉碎设备打得细小均匀，液体样要混合均匀。

（2）样品放入定氮瓶内时，不要沾附在颈上，可以折叠纸槽渗入定氮烧瓶，然后将样品用纸槽加入。万一沾附，可用少量水冲下，以免被检样消化不完全，结果偏低。

（3）消化时如不容易呈透明溶液，可将定氮瓶放冷后，慢慢加入 30%过氧化氢（H_2O_2）溶液 2～3 mL，补充消化。

（4）在整个消化过程中，不要用强火。保持缓和的沸腾，使火力集中在凯氏烧瓶底部，以免附在壁上的蛋白质处于无硫酸存在的情况下，造成氮损失。

（5）如硫酸量缺少，过多的硫酸钾会引起氨的损失，因为会形成硫酸氢钾，而不与氨作用。因此，当硫酸过多地被消耗或样品中脂肪含量过高时，要增加硫酸的量。

（6）消化至液体澄清透明后只需继续加热 0.5 h 即可，若加热过久，硫酸不断被分解，水分不断逸出而使硫酸钾浓度增大，沸点升高，易使已生成的铵盐发生热分解放出氨而造成损失，特别是对于蛋白质含量低的样品，无法测定。

（7）加入硫酸钾的作用为增加溶液的沸点，硫酸铜为催化剂，硫酸铜在蒸馏时作碱性反应的指示剂。

（8）混合指示剂在碱性溶液中呈绿色，在中性溶液中呈灰色，在酸性溶液中呈红色。如果没有溴甲酚绿，可单独使用 0.1%甲基红-乙醇溶液。

（9）在蒸馏前应检查蒸馏装置的密封情况，避免因蒸馏装置漏气造成氨的逸出而影响测定结果。

（10）氨是否完全蒸馏出来，可用 pH 试纸检测馏出液是否为碱性。

（11）以硼酸为氨的吸收液，可省去标定碱液的操作，且硼酸的体积要求并不严格，也可免去使用移液管，操作比较简便。

（12）向蒸馏瓶中加入浓碱时，往往出现褐色沉淀物，这是由于分解促进碱与加入的硫酸铜反应，生成氢氧化铜，经加热后又分解生成氧化铜沉淀。有时铜离子与氨作用，生成深蓝色的配合物$[Cu(NH_3)_4]^{2+}$。

（13）这种测算方法的本质是测出氮的含量，再作蛋白质含量的估算。只有在被测物的组成是蛋白质时才能用此方法来估算蛋白质含量。

（14）为了提高检测数据的准确性，减少随机误差，检验一个样品一定要进行平行试验。

六、思考题

（1）简述凯氏定氮法测定蛋白质的原理。

（2）蒸馏时为什么要加入氢氧化钠溶液?加入量对结果有何影响?

（3)在蒸汽发生器中加入少许硫酸和指示剂的作用是什么?若在蒸馏过程中蒸汽发生器内颜色变为淡黄色，说明什么?

实验四 原料中灰分的测定

一、实验目的

熟悉、掌握灰分的测定方法。熟悉与掌握灰分测定的基本操作，包括样品处理、分析操作、结果计算等。能严格按操作规程进行安全操作，真实记录；会分析实验结果，出具完善的报告；学会分析、判断、解决问题，在学与做的过程中锻炼与他人交往、合作的能力。

二、实验原理

试样经炭化后，置于（550±10）℃高温炉内灼烧，样品中的水分及挥发性物质以气态形式放出，有机物质中的碳、氢、氮等元素与有机物质本身的氧及空气中的氧生成二氧化碳、氮氧化物及水分而散失，无机物以硫酸盐、磷酸盐、碳酸盐等无机盐和金属氧化物的形式残留下来，这些残留即为灰分。称量残留物的质量即可算出样品中总灰分的含量。

三、实验仪器与试剂

1. 仪 器

（1）分析天平：感量为 0.1 mg。
（2）马弗炉：能产生 550 ℃以上的高温，并可控制温度。
（3）瓷坩埚：容量为 18 ~ 20 mL。
（4）粉碎机、研钵。
（5）备有变色硅胶的干燥器。
（6）坩埚钳：长柄和短柄。

2. 试 剂

（1）三氯化铁：分析纯。
（2）三氯化铁溶液（5 g/L）：称取 0.5 g 三氯化铁，溶于 100 mL 蓝黑墨水中。

四、实验步骤

1. 试样制备

从平均样品中分取一定样品，分取数量为 30～50 g，除去大样杂质和矿物质。粉碎细度为能通过孔径 1.5 mm 的圆孔筛的不少于 90%。

2. 测定方法

（1）坩埚处理。

取洁净干燥的瓷坩埚，用蘸有三氯化铁蓝黑墨水溶液的毛笔在坩埚上编号，然后将编号坩埚放入（550±10）℃马弗炉内灼烧 30～60 min，移动坩埚至炉门口处，待坩埚红热消失后，转移至干燥器内冷却至室温，取出并称量坩埚的质量，再重复灼烧、冷却、称量，直至前后两次质量之差不超过 0.2 mg，记录坩埚质量（mg）。

（2）样品测定。

称取混匀试样（m）2～3 g，准确至 0.000 2 g，置于处理好的坩埚中，将坩埚放在电炉上，错开坩埚盖，加热试样至完全炭化为止。然后，把坩埚放在（550±10）℃的马弗炉内，先放在炉口片刻，再移入炉膛内，错开坩埚盖，关闭炉门，在（550±10）℃下灼烧 2～3 h。在灼烧过程中，应将坩埚位置调换 1～2 次，样品灼烧至黑色炭粒全部消失并变成灰白色为止。移动坩埚至炉门口处，待坩埚红热消失后，转移至干燥器内冷却至室温，称量。再灼烧 30 min，冷却，称量至恒重（m1）。最后一次灼烧的质量如果增加，取前一次质量计算。

3. 结果计算

样品中灰分（干基）含量按照下式计算：

$$X = \frac{m_1 - m_0}{m} \times 100\%$$

式中：X——样品灰分（干基）含量，%；

m_0——坩埚质量，g；

m_1——坩埚和灰分质量，g；

m——试样质量，g；

测定结果取小数点后第二位。

五、注意事项

（1）样品经预处理后，在放入高温炉灼烧前要先进行炭化处理，样品炭化时要注意热源强度，防止在灼烧时因高温引起试样中的水分急剧蒸发，使试样飞溅；防止糖、蛋白质、淀粉等易发泡膨胀的物质在高温下发泡膨胀而逸出坩埚；不经炭化而直接灰化的炭粒易被包裹，使灰化不完全。

（2）把坩埚放入马弗炉或从炉中取出时，要放在炉口停留片刻，使坩埚预热或冷却，防止因温度剧变而使坩埚破裂。

（3）灼烧后的坩埚应冷却到 200 ℃以下再移入干燥器中，否则因热的对流作用，易造成残灰飞散，且冷却速度慢，冷却后干燥期内形成较大真空，盖子不易打开。从干燥器内取出坩埚时，因内部形成真空，开盖恢复常压时，应使空气缓慢流入以防残灰飞散。

（4）如液体样品量过多，可分次在同一坩埚中蒸干，在测定蔬菜、水果这一类含水量高的样品时，应预先测定这些样品的水分，再将其干燥物继续加热灼烧，测定其灰分含量。

（5）灰化后所得的残渣可留作 Ca、P、Fe 等无机成分的分析。

（6）用过的坩埚经初步洗刷后，可用粗盐酸浸泡 10～20 min，再用水冲洗干净。

（7）重复性：同一分析者使用相同仪器，相继或同时对同一试样进行两次测定，所得到的两个测定值的绝对差值不应超过 0.03%。

六、思考题

（1）为什么样品在高温灼烧前要炭化至无烟？

（2）为什么样品经过长时间灼烧后，灰分中仍有炭粒?该如何处理?

（3）如何判断是否灰化完全？

（4）什么情况下要进行加速灰化？

（5）如何对样品进行加速灰化？

一、实验目的

能应用分子吸收分光光度法测定原理解释操作过程。会熟练操作分光光度计，能运用比色法测定啤酒中乳酸的含量。能严格按操作规程进行安全操作，真实记录；会分析实验结果；有效地核算实验成本，能进行环保处理。学会分析、判断、解决问题，在学与做的过程中锻炼与他人交往、合作的能力。

二、实验原理

乳酸是一种广泛应用于食品、制药、纺织、制革等工业中的有机酸。乳酸具有柔和的酸味，品性温和且稳定，其纯品为无色液体，无气味，具有吸湿性。乳酸能与水、乙醇、甘油混溶，不溶于氯仿、二硫化碳和石油醚。

乳酸在啤酒酿造中可以作为灭菌剂、风味剂，还可代替苯甲酸钠作为防腐剂。乳酸比磷酸、盐酸安全性高，对人体有益。乳酸能促进完全糖化和提高啤酒质量，有效地改良啤酒的感官特性和稳定性，增加人体对食物的吸收率和延长食物的保质期。

三、实验仪器与试剂

1. 仪 器

分光光度计、离心机、水浴锅、5 mL 具塞试管、20 mL 具塞比色管。

2. 试 剂

（1）氢氧化钙。

（2）钨酸溶液：0.303 mol/L 硫酸及 10%钨酸钠（$Na_2WO_4 \cdot 2H_2O$）溶液等体积混合，当天配用。

（3）20%硫酸铜溶液：称取硫酸铜（$CuSO_4 \cdot 5H_2O$）20 g，加蒸馏水约 70 mL，加热使之溶解，再用蒸馏水稀释至 100 mL。

（4）4%硫酸铜溶液：取 20%硫酸铜溶液 10 mL，加蒸馏水稀释至 50 mL。

（5）对羟基联苯溶液：称取对羟基联苯 1.5 g，溶于 100 mL 0.125 mol/L 氢氧化钠溶液中（稍稍加温助溶）。贮于棕色瓶中，保存于冰箱内，可使用 1 个月。

（6）乳酸标准贮备液（1 mg/mL）：精确称取无水乳酸锂 106.5 mg，溶于 50 mL 蒸馏水中，加 0.5 mol/L 硫酸 20 mL，再加蒸馏水稀释至 100 mL。混匀后保存于冰箱中。

（7）乳酸标准使用液（200 g/mL）：使用时取贮备液 10 mL，用蒸馏水稀释至 50 mL。在冰箱中可保存数天。

四、实验步骤

1. 样品预处理

取约 3.0 mL 的啤酒酒液，离心（3 000 r/min，5 min），取上清液适当稀释。取样液 2.00 mL 于洁净离心管中，准确加入 2.00 mL 钨酸溶液，混匀，室温静置至溶液出现明显絮状物（30～45 min），离心（10 000 r/min，5 min），取上清液，加入 0.3 g 活性炭，反复摇匀，置于室温 30 min，过滤，滤液收集于 5 mL 具塞试管中，60 ℃水浴 30 min，冷却待用。

2. 标准曲线的绘制

用 200 g/mL 乳酸标准使用液同样品溶液预处理后，按表 5-1 操作。

所得数据以乳酸含量为横坐标，以 565 nm 波长处的吸光度为纵坐标，绘制标准曲线。

表 5-1　啤酒中乳酸含量操作参照表

试管编号	1	2	3	4	5	6	7
滤液体积/mL	0.00	0.10	0.20	0.30	0.40	0.50	0.60
蒸憎水体积/mL	2.00	1.90	1.80	1.70	1.60	1.50	1.40
操作	<td colspan="7">（1）各管中分别加入氢氧化钙粉末 100 mg，混匀，离心（8 000 r/min，5 min）； （2）取上清液 1.5 mL，加入预先装有 20 mg 氢氧化钙粉末的小试管中，混匀，加 1.0 mL 20% 硫酸铜溶液，称重，迅速混匀，置于沸水浴内加热 3 min，水浴冷却，补足质量； （3）离心（3 000 r/min，5 min），各取上清液 0.5 mL 加入比色管中； （4）在各管中加入 25 mL 的 4% 硫酸铜溶液，混匀后置于冰水浴内冷却； （5）将预冷的浓硫酸缓缓加入各管中，每管各加 6.0 mL，边加边摇，混匀后置于沸水浴内加热 5 min，取出后置于冰水浴内冷却 3 min； （6）在各管中加对羟基联苯溶液 0.05 mL，混匀后静置 30 min，其间每 10 min 振摇一次； （7）各管置于沸水浴中准确加热 90 s，立即放入冰水中冷却。在 565 nm 波长处用 1 cm 比色皿，1 号管作参比，分别测定吸光度</td>

3. 样品的测定

将样品溶液稀释一定倍数后，按标准曲线的测定方法，以蒸馏水为空白测定其在 565 nm 波长处的吸光度，根据所得数据在标准曲线上查得相应的乳酸含量。

4. 结果计算

将测定结果填入表 5-2 中。其中乳酸含量按下式计算：

乳酸含量=标准曲线上查得相应的乳酸含量×稀释倍数

表 5-2　啤酒中乳酸含量测定结果

测定实验	标准溶液							样品溶液	
	1	2	3	4	5	6	7	8	9
各待测溶液中乳酸的含量/（mg/mL） 吸光度 样品中乳酸的含量/（mg/mL） 样品中乳酸的平均含量/（mg/mL） 相对偏差/%									

五、注意事项

（1）啤酒中其他糖类会影响实验结果。啤酒中尚含有一些酵母不能利用的小分子多糖，如麦芽三糖、麦芽四糖等。这些糖类物质在加入浓硫酸后，在加热条件下可能发生脱水反应，使溶液呈黄色而影响比色，因而必须预先除去。

（2）样品处理时增加了活性炭脱色是为了将啤酒中的一些有色物质吸附除去。乳酸由于极性较大，一般不会被活性炭吸附（或吸附量有限）。

（3）实验结果与试剂的加样次序关系较大。最明显的是应先加氢氧化钙，然后加硫酸铜，这样形成较多的 $Cu(OH)_2$，有利于干扰物质的氧化，而且硫酸铜不宜多加。如果使用氢氧化钠，则溶液的碱度不易控制，高浓度碱度对测定十分不利（影响显色）。

（4）本实验成功与否与所用浓硫酸关系极大。必须保证浓硫酸是新近出厂的，否则难以显色。最好是优级纯。

（5）对羟基联苯难溶于浓硫酸，必须充分振荡。最好在试管混悬器上进行操作。

（6）煮沸温度应保持在沸腾状态，否则显色后溶液偏紫蓝色，影响结果，误差较大。

（7）本法可以推广到测定啤酒发酵液中乳酸的含量，条件是将啤酒发酵液进行适当的稀释，如稀释 4～10 倍。具体可根据实验情况而定。

六、思考题

（1）分光光度计的组成包括哪几部分？

（2）如何绘制紫外-可见光的工作曲线？

（3）比较定磷法和分光光度法测定单核苷酸含量的不同点。

（4）在游离 α-氨基氮的测定过程中，显色剂的工作原理是什么？

（5）简述啤酒中异 α-酸的测定原理。

实验六　果酒中铁的测定

一、实验目的

能说明果酒中铁的测定原理。会进行原子吸收分光光度计的操作。能严格按操作规程进行安全操作，真实记录；会分析实验结果；能与小组成员协调合作。

二、实验原理

将处理后的试样导入原子吸收分光光度计中，在乙炔-空气火焰中，试样中的铁被原子化，基态原子铁吸收特征波长（248.3 nm）的光，吸收量的大小与试样中铁原子浓度成正比，测其吸光度，求得铁含量。

三、实验仪器与试剂

1. 仪　　器

不同型号仪器的最佳测试条件不同，可参照仪器说明书自行选择。

（1）原子吸收分光光度计。

（2）铁空心阴极灯。

（3）乙炔钢瓶或乙炔发生器。

（4）空气压缩机，应备有除水、除油、除尘装置。

（5）一般实验室仪器。所用玻璃及塑料器皿用前在 HNO_3 溶液（1:1）中浸泡 24 h 以上，然后用水清洗干净。

2. 试　　剂

所用试剂除另有说明外，均使用符合国家标准或专业标准的分析纯试剂和去离子水或同等纯度的水。

（1）硝酸（HNO_3）$\rho = 1.42$ g/mL，优级纯。

（2）硝酸（HNO_3）$\rho = 1.42$ g/mL，分析纯。

（3）盐酸（HCl）：$\rho = 1.19$ g/mL，优级纯。

（4）HNO3 溶液（1:1）：用硝酸（2）配制。

（5）HNO3 溶液（1:99）：用硝酸（1）配制。

（6）HCl 溶液（1:99）：用盐酸（3）配制。

（7）HCl溶液（1∶1）：用盐酸（3）配制。

（8）氯化钙溶液（10 g/L）：将无水氯化钙（CaCl₂）1 g溶于水并稀释至100 mLo

（9）铁标准贮备液：称取光谱纯金属铁1.000 0 g（准确到0.0001 g），用60 mL HCl溶液（7）溶解，用去离子水准确稀释至1000 mL。

（10）铁标准使用液：移取铁标准贮备液（9）50.00 mL 于 1 000 mL 容量瓶中，用HCl溶液（6）稀释至标线，摇匀。此溶液中铁浓度为50.0 mg/L。

四、实验步骤

1. 试　样

测定时，样品通常需要消解。混匀后分取适量实验室样品于烧杯中，每100 mL 水样加 5 mL 硝酸（1），置于电热板上在近沸状态下将样品蒸至近干，冷却后再加入硝酸（1）重复上述步骤一次。必要时再加入硝酸（1）或高氯酸，直至消解完全，应蒸至近干，加盐酸（6）溶解残渣，若有沉淀，用定量滤纸滤入 50 mL 容量瓶中，加氯化钙溶液（8）1 mL，以盐酸（6）稀释至标线。

2. 空白试验

用水代替试样做空白试验。采用相同的步骤，且与采样和测定中所用的试剂用量相同。在测定样品的同时，测定空白。

3. 干　扰

（1）影响铁原子吸收法准确度的主要干扰是化学干扰，当硅的浓度大于 20 mg/L 时，对铁的测定产生负干扰；当硅的浓度大于 50 mg/L 时，对锰的测定也出现负干扰。当试样中存在 200 mg/L 氯化钙时，上述干扰可以消除。一般来说，铁的火焰原子吸收法的基体干扰不严重，由分子吸收或光散射造成的背景吸收也可忽略，但遇到高矿化度水样，有背景吸收时，应采用背景校正措施，或将水样适当稀释后再测定。

（2）铁的光谱线较复杂，为克服光谱干扰，应选择小的光谱通带。

4. 校准曲线的绘制

取铁标准使用液（10）于 50 mL 容量瓶中，用盐酸（6）稀释至标线，摇匀。至少应配制 5 个标准溶液，且待测元素的浓度应当在这一标准系列范围内。根据仪器说明书选择最佳参数，用盐酸（6）调零后，在选定的条件下测量其相应的吸光度，绘制标准曲线。在测量过程中，要定期检查标准曲线。

5. 测　量

在测量标准系列溶液的同时，测量样品溶液及空白溶液的吸光度。由样品吸光度减去空白吸光度，从标准曲线上求得样品溶液中铁的含量。

6. 结果计算

样品中铁的含量（mg/L）按下式计算：

$$X = A \times F$$

式中：X——样品中铁的含量，mg/L；

A——试样中铁的含量，mg/L；

F——样品稀释倍数。

所得结果应表示至一位小数。在重复性条件下获得的两次独立测定结果的绝对差值不得超过算术平均值的 10%。

五、注意事项

（1）果酒主要成分除水和酒精外，还含少量蛋白质、氨基酸等有机大分子及一些微量元素。微量元素的存在对产品.口味和外观有很大影响。当铁元素含量大于 8 mg/L 时，会引起酒液的混浊或变色，因为铁能促进酒的氧化，白色破败病和蓝色破败病就是因胶质的三价磷酸盐和单宁铁的存在而产生的。

（2）果酒中铜和铁含量非常少，所以一般都用石墨炉原子吸收分光光度法测定，但此法对仪器的要求很高，而且回收率不太好。经过研究，采用火焰原子吸收分光光度法加表面活性剂或有机溶剂增感，灵敏度、回收率等都能令人满意。

（3）目前多数的原子吸收光谱仪器每次只能测定一种元素。现在也开发一些其他的新型的高级仪器，它们一次能测定多种元素。因此选择时也需关注此类问题。

六、思考题

（1）简述原子吸收光谱分析的基本原理。

（2）简述原子吸收分光光度法的优缺点。

（3）简述石墨炉法和火焰法的区别。

（4）测定果酒中的铁含量时，干扰来自哪些方面？

（5）测定果酒中铜的含量的主要步骤有哪些？

实验七　气相色谱法分析白酒中乙酸乙酯的含量

一、实验目的

（1）掌握色谱常用的定性方法；

（2）掌握内标法定量的基本原理和测定试样中少量物质含量的方法；

（3）掌握色谱操作技术及相关分离原理。

二、实验原理

1. 分离原理

由于酒中各成分如乙酸乙酯、乙醇等在固定相中的分配性能（溶解能力）的差别，在载气的带动下，使溶解性能小的首先流出；反之则后流出，依次进入检测器检测。产生的微电子流信号进入放大器进行放大，由记录系统记录色谱峰，通过保留时间进行定性，通过色谱峰的峰面积进行定量。

2. 方法原理

（1）定性：各种物质在一定的色谱条件（固定相与操作条件等）下有各自确定的保留值，因此保留值可作为一种定性指标。GC 分析中最常用的一种定性方法为纯物质对照法，即：各色谱峰的保留值与各相应的标准试样在同一条件下所得到的保留值（保留时间）进行对照比较，从而确定各色谱峰所代表的物质。该法简便，但要求待测组分较为简单且均已知，且受操作条件影响较大。

（2）定量（内标法）：

对于试样中少量物质的测定，或仅需测定试样中某些组分时，可采用内标法定量。用内标法测定时需在试样中加入一种物质作内标。

设在质量为 $m_{试样}$ 的试样中加入内标物质的质量为 m，被测组分的质量为 m_i，被测组分积内标物质的色谱峰面积分别为 A_i、A_s，则

$$\frac{m_i}{m_s} = \frac{f_i A_i}{f_s A_s} \Rightarrow m_i = m_s \frac{f_i A_i}{f_s A_s}$$

$$w_i = \frac{m_i}{m_{试样}} \times 100\%$$

$$\Rightarrow w_i = \frac{m_s}{m_{试样}} \bullet \frac{f_i A_i}{f_s A_s} \times 100\%$$

若以内标物作标准，则可设 $f_s=1$，则上式简化为：

实验可预先测定 f_i[先准确称量被测物 i 和标准物质 s，混合后在一定的实验条件下进行色谱测定，按公式 $\dfrac{m_i}{m_s}=\dfrac{f_i A_i}{f_s A_s}\Rightarrow f_i=\dfrac{m_i A_s}{m_s A}$（$f_s=1$）计算 f_i]；也可配制系列标准溶液，参照教材得到 w_i。

除了可用质量百分含量表示外，也可用其他表示含量的方式，如质量体积浓度等。本实验用质量体积浓度表示，即：

$$X=\frac{m_s}{V}\bullet\frac{f_i A_i}{A_s}(g/L)$$

三、实验仪器与试剂

（1）仪器：气相色谱仪（含氢焰离子化检测器，电脑记录系统）；氢气、空气、氮气源（高纯氮作载气）；毛细管色谱柱；微量进样器（1 μL）。

（2）试剂：乙醇、乙酸乙酯、乙酸丁酯（均为分析纯）；白酒（市售）。

四、实验步骤

1. 实验条件

色谱柱：30 m × 0.32 mm I.D. HP-5；

流动相氮气，流速为 1.2 mL/min；

柱温：100 ℃；

进样口（气化室）温度：200 ℃；

检测器温度：250 ℃；

进样分流比 50：1。

2. 配制标准样品

吸取 2% 的乙酸乙酯溶液（用 60% 乙醇配制）1.00 mL，移入 25 mL 容量瓶中，然后加入 2% 的乙酸丁酯（内标物，用 60% 乙醇配制）1.00 mL，用 60% 乙醇稀释至刻度。

3. 配制待测样品（酒样）

吸取酒样 5.0 mL，移入 2% 的乙酸丁酯（内标物）0.20 mL，混匀备用。

4．定性分析

根据实验条件，将色谱仪调节至可进样状态（基线平直即可）。用微量注射器分别吸取乙酸乙酯、乙酸丁酯纯物质（0.2 μL），进样，记录每个纯样的保留时间 tR。

5．定量分析

（1）校正因子 f 值的测定：在同样的色谱条件下，吸取标样 0.4 μL 进样，记录色谱数据（出峰时间及峰面积），用乙酸乙酯的峰面积与内标峰面积之比，计算出乙酸乙酯的相对校正因子 f 值。实验平行三次。

（2）样品的测定：同样条件下，吸取已配入 2%乙酸丁酯的酒样 0.4 μL 进样，记录色谱数据（出峰时间及峰面积），根据计算公式计算出酒样中乙酸乙酯的含量。实验平行 3 次。

6．数据处理

计算：$\quad f = \dfrac{A_1}{A_2} \times \dfrac{d_1}{d_2} \qquad\qquad X = f \times \dfrac{A_3}{A_4} \times 0.704$

式中，X——酒样中乙酸乙酯的含量，g/L；　　f——乙酸乙酯的相对校正因子；

$\quad A_1$——标样中内标物的峰面积；　　　　　A_2——标样中乙酸乙酯峰面积；

$\quad A_3$——酒样中乙酸乙酯峰面积；　　　　　A_4——添加于酒样中内标的峰面积；

$\quad D_1$——乙酸乙酯的比重；　　　　　　　　D_2——内标物的比重；

$\quad 0.704$——酒样中添加内标的量，g/L。

结果的允许差：同一样品两次测定值之差，不超过 5%，结果保留两位小数。

五、思考题

（1）内标法定量有何优点，它对内标物质有何要求？

（2）程序升温技术可用于何种试样的分析？

（3）从分离原理、仪器结构及应用范围上简要比较气相色谱和液相色谱的异同点。

（4）内标物与被测样品含量的比例多少比较合适？

（5）什么时候用归一化法？

实验八 高效液相色谱法测定维生素 C 的含量

一、实验目的

（1）掌握高效液相色谱定性、定量的原理及方法。
（2）了解高效液相色谱仪的结构和操作。
（3）了解高效液相色谱一般实验条件。

二、实验原理

维生素 C（Vitamin C，V_C）又叫抗坏血酸，是一种水溶性维生素。V_C 在体内参与多种反应，如氧化还原过程，在生物氧化和还原作用以及细胞呼吸中起重要作用。

溶于流动相 中的各组分经过固定相时，由于与固定相发生作用（吸附、分配、离子吸引、排阻、亲和）的大小、强弱不同，在固定相中滞留时间不同，从而先后从固定相中流出。高效液相色谱（High Performance Liquid Chromatography，HPLC）法是在经典液相色谱法的基础上，于 20 世纪 60 年代后期引入了气相色谱理论而迅速发展起来的。它与经典液相色谱法的区别是填料颗粒小而均匀，小颗粒具有高柱效，但会引起高阻力，需用高压输送流动相，故又称高压液相色谱法。HPLC 系统一般由输液泵、进样器、色谱柱、检测器、数据记录及处理装置等组成。其中输液泵、色谱柱、检测器是关键部件。有的仪器还有梯度洗脱装置、在线脱气机、自动进样器、预柱或保护柱、柱温控制器等，现代 HPLC 仪还有微机控制系统，进行自动化仪器控制和数据处理。制备型 HPLC 仪还备有自动馏分收集装置。

三、实验仪器与试剂

1. 仪　器

高效液相色谱仪，色谱柱：C18 柱（250 mm × 4.6 mm，I.D.5 μm）；平头进样器。

2. 试　剂

乙腈（色谱纯）、冰乙酸、维生素 C、磷酸二氢钾等均为分析纯，实验用水为超纯水。

V_C 标准溶液：快速准确称取 0.025 g V_C，用 1 mol/L 乙酸溶液溶解，定量转移至 250 mL 容量瓶中，用 1 mol/L 乙酸溶液定容，得到 100 mg/L 标准溶液备用，现用现配。

四、实验步骤

1. 色谱条件

流动相：3%的乙腈-0.05 mol/LKH$_2$PO$_4$水溶液（v/v）；流速 1 mL/min；柱温 30 ℃，紫外检测波长 265 nm；进样量 10 μL。

2. 样品准备

取 10 片维生素 C 片，研匀。准确称取 0.02 g，用 1 mol/L 乙酸溶液溶解，定量转移至 50 mL 容量瓶中，用 1 mol/L 乙酸溶液定容，用 0.45 μm 滤膜过滤。

3. 标准曲线绘制

分别配制 5 mg/L、20 mg/L、50 mg/L、80 mg/L、100 mg/L 的 Vc 样品溶液，待液相色谱稳定后进样分析，平行测定 3 次。以 Vc 色谱峰面积对浓度作图，绘制标准曲线。

4. 定量分析

供试品溶液经 0.45 μm 微孔滤膜过滤后进行 HPLC 分析。平行测定 2 次，记录其 Vc 的色谱峰面积，根据校准曲线计算维生素片中 Vc 的含量。

五、思考题

（1）使用 C18 色谱柱时，如果采用甲醇-水（体积比 50∶50）作为流动相，求该流动相的强度因子。如果改用乙腈-水作为流动相，若保持相同的强度因子，其体积比应为多少？

（2）在其他 HPLC 色谱条件不变，仅改变下列一种条件，色谱峰的保留时间与峰形将发生怎样的变化？
① 流动相流速增加；
② 柱温升高；
③ 色谱柱增长；
④ 固定相粒径变大；
⑤ 在线性范围内增大进样量。

（3）什么是化学键合固定相？有何优点？

（4）有机酸的测定—HPLC 法中样品峰的定性依据是什么？

（5）要想得到分离效果较好的样品洗脱图谱的工作条件主要取决于哪些？

（6）HPLC 法测定有机酸与其他方法比较有哪些优点？

第六章　角蛋白酶中试生产虚拟仿真实验

　　"生物工程综合实验"是一门综合性、实践性很强的专业实践类课程。本课程以理论指导实践，以实践验证理论，培养和考查学生在实践中灵活运用理论知识解决工程实践中遇到的复杂工程问题的能力。然而在"生物工程综合实验"的传统教学中，由于存在资金、场地、安全、时间等多方面限制，很难再现发酵工业生产中的实际场景。如工业发酵中常用的高温蒸汽消毒就属于严重高危险性操作问题，工艺中用到的蒸汽压力一般在 15 个大气压（约 1.5 MPa）以上、温度 200 ℃左右；生产用发酵罐小则数吨，大则数百吨，单批发酵成本动则数十万元的高成本高投入问题；发酵周期短则数天，长则数周这类长周期问题；发酵过程中杂菌污染、噬菌体污染造成的大范围多批次的发酵倒罐问题。在生物工程专业人才培养方案中，除相关课程实习外，同时也设置了毕业实习，但同样因为实习时间、实习地点、生产成本，以及产品的局限性，不可能再现工业发酵生产工艺流程中的所有工艺操作，也不可能允许学生反复操作练习，"提高学生解决复杂工程问题的能力"的教学目标也难以达到。

一、实验原理

　　本课程主要是对角蛋白酶的中试发酵过程进行仿真虚拟，构建通风发酵中试生产工艺流程中的典型工艺操作，学生可通过反复练习模拟生产实际操作，培养提高自身解决工程实际问题的能力。

　　针对生物工程学科实践性强的特点，本实验以科技部农业科技成果转化资金项目"角蛋白酶中试"为核心，整合了多年相关研究进展，实现了科学研究成果与实践教学充分融合。通过"虚实结合"的实践教学（见图 6-1），形成"理论讲授—实践演练—虚拟仿真"相结合的教学体系，将讲授和灌输知识转变为引导学生自主学习。同时，本实验解决了操作危险性高、成本投入大、实验周期长的教学难题，学生以角色扮演的形式参与到整个通风发酵生产全过程，加深了对微生物发酵的认识和理解，掌握了通风发酵原理与发酵调控机理，提高了分析和解决复杂工程问题的综合能力。

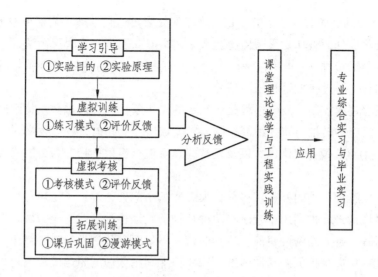

图 6-1 实践教学"虚实结合"模式

基于虚拟环境的教学过程针对 8 个工业发酵的主要知识点,由"实验目的—实验原理—开始实验—课后巩固—实验成绩"的步骤展开,通过三种模式(漫游模式、练习模式与考核模式)、进入四个车间(种子车间、空气车间、发酵车间和提取车间)、完成六个模块(菌种扩培、空气过滤除菌、发酵培养基消毒与移种、发酵过程控制、角蛋白酶分离提取和乙醇回收),305 个操作步骤进行演练,达成如下目的:

(1)了解角蛋白酶通风发酵工业化生产的基本流程和主要设备;

(2)掌握好气性放线菌——产角蛋白酶分解菌的菌种扩培技术;

(3)了解无菌空气制备工艺和主要设备的构造;

(4)掌握通风发酵过程的培养基和关键设备的灭菌工艺、操作要点;

(5)熟练掌握角蛋白酶通风发酵过程控制技术,包括 pH、溶氧、转速、温度、中间补料、发酵染菌、发酵终点判断,以及发酵异常的紧急处置;

(6)熟悉了解醇沉法提取角蛋白酶的工艺流程和主要设备。

涉及工业发酵的 8 个基本知识点:

(1)种子扩大培养技术。种子扩大培养简称种子扩培是发酵工程的一个组成部分,指将保存的生产菌种接入试管斜面活化后,再经过三角瓶及种子罐逐级扩大培养,最终获得一定数量和质量的纯种过程,可对菌种驯化,缩短发酵时间、保证生产水平。

(2)无菌空气的制备。空气除菌技术是发酵工程中的一个重要环节。实际生产中所需的除菌程度根据发酵工艺要求而定,既要避免染菌,又要尽量简化除菌流程,以减少设备投资和正常运转的动力消耗。

(3)发酵培养基制备与消毒。培养基制备:培养基是供微生物、植物和动物组织生长和维持用的人工配制的养料,一般都含有水、氮源、无机盐、碳源、生长因子等,各营养物质之间的浓度配比也直接影响微生物的生长繁殖和代谢产物的形成和积累,其中碳氮比（C/N）的影响较大。发酵消毒：培养基灭菌要达到发酵工艺要求的无菌程度，并尽量减少营养成分的破坏。灭菌措施通常采用高温高压蒸汽短时灭菌法。

（4）种子罐接种——火焰接种。采用火焰接种法将种子制备室准备好的三角瓶摇瓶种子接入到种子罐进行发酵种子的培养。

（5）发酵过程控制。发酵过程是在一定的操作条件下，通过微生物细胞一系列复杂的生物化学反应的转换，将几种简单的原料变成所需产物的过程。发酵过程中，通过对温度、pH、溶氧、搅拌、泡沫，以及发酵终点等进行有效的控制，最终实现产品的高产稳产。

（6）在线移种与中间补料。移种：大罐发酵用菌种通过种子罐培养后，先对移种子管道进行蒸汽消毒，再利用压差法将菌种从种子罐经移种管注入至大罐。中间补料：在分批培养过程中补入新鲜的料液，以克服营养不足而导致的发酵过早结束的缺点。在这样一种系统中可以维持低的基质浓度，避免快速利用碳源的阻遏效应；可以通过补料控制达到最佳的生长和产物合成条件。

（7）醇沉法提取角蛋白酶。工业发酵产物的后处理技术有很多，有离心、过滤、萃取、结晶、蒸发、沉淀等多种后处理方法，角蛋白酶提取主要乙醇分步分离提取：先通过30%乙醇沉淀去除杂蛋白，再通过70%乙醇沉淀提取角蛋白酶，最后通过离心过滤得到发酵产物——角蛋白酶。

（8）乙醇回收。在化工生产中通常需要使用大量乙醇，角蛋白酶采用的是70%乙醇沉淀法提取因此废液中含有较高浓度乙醇，必须要进行乙醇回收。回收方法主要是利用蒸馏塔，利用乙醇和水的沸点差，通过加热蒸馏使乙醇在蒸汽中富集，再通过冷凝等操作实现乙醇的回收。

二、实验步骤

首先进入"实验目的"和"实验原理"模块，熟悉"角蛋白酶中试生产虚拟仿真实验"的课程内容，了解学习目标并复习相关知识。然后进入虚拟训练，学生可根据自己的学习进度选择"练习模式"或"考核模式"。"练习模式"下学生可以根据自身情况，结合知识点要求自主学习。"漫游模式"中可根据"练习模式"和"考核模式"的反馈结果，有针对性地对管道、阀门的具体布置进行学习。"考核模式"下学生则必须按角蛋白酶中试生产工艺流程顺序进行考核。"课后巩固"下学生完成生物发酵相关知识答题。"实验成绩"下学生可了解自己的得分情况，并根据情况自主确认是否提交实验成绩（见图6-2）。

1.实验目的

2.实验原理

3.实验模式

4.车间布局

5.实验模块

6.实验成绩

图 6-2　实验步骤

考核结束后出现评价反馈，包括考试分值及错误分析，学生可以根据错题结合实验目的进行重点学习。由此生成的虚拟实验结果可帮助老师了解学生学习的薄弱环节，从而在课堂教学中给予针对性指导。

在练习和考核模式中，实验共有 6 个实验模块，屏幕下方设有操作提示，提示内容进展和操作步骤。

第一个模块为菌种扩培：种子扩培是发酵工程的一个组成部分，指将保存的生产菌种接入试管斜面活化后，再经过三角瓶及种子罐逐级扩大培养，最终获得一定数量和质量的纯种过程。

共计 6 个主要交互操作，共 87 步。主要包括如下：超净工作台消毒、斜面接种、摇瓶培养、培养基制备与蒸汽消毒、互动问答、火焰接种、种子培养（见图 6-3）。

1.斜面接种　　　　　　2.摇瓶培养　　　　　　3.培养基制备与蒸汽消毒置

4.火焰接种　　　　　　5.互动答题　　　　　　6.种子培养

图 6-3　菌种扩培主要交互操作

第二个模块为空气过滤除菌：实际生产中所需的除菌程度根据发酵工艺要求而定，既要避免染菌，又要尽量简化除菌流程，以减少设备投资和正常运转的动力消耗。

共计 1 个操作，共 3 步。主要包括空压机的开启、油水分离，以及压缩机参数设置等（见图 6-4）。

1.空压机开启　　　　　　2.油水分离　　　　　　3.总过滤器

图 6-4　空气过滤除菌操作

第三个模块为发酵培养基消毒与移种：培养基是供微生物、植物和动物组织生长和维持用的人工配制的养料，一般都含有水、氮源、无机盐、碳源、生长因子等。培养消毒灭菌措施通常采用 0.1 atm、121 ℃高温高压蒸汽，维持 20 min 短时灭菌法。

大罐发酵用菌种通过种子罐培养后，先对移种子管道进行蒸汽消毒，再利用压差法将菌种从种子罐经移种管注入至大罐。

共计 4 个主要交互操作，共 100 步。主要包括培养基配置、大罐蒸汽消毒（夹套进汽预热、空气管进汽与空气管消毒、取样管进汽、移种管进汽、灭菌温度与时间设置）、培养基冷却（夹套水冷和通风冷却）、大罐移种（移种管道消毒、压差法移种、移种管道消毒）等（见图 6-5）。

1.发酵培养基配

2.夹套蒸汽预热

3.移种管进汽

4.保温消毒维持

5.移种管消毒

6.夹套冷却

图 6-5　发酵培养基消毒与移种交互操作

第四个模块为发酵过程控制：通风发酵过程需对温度、pH、溶氧、搅拌、泡沫，以及发酵终点等进行有效的控制，以实现产品的高产稳产。

共计 6 个主要交互操作，共 46 步。主要包括 pH 电极校正与设置、溶氧电极校正与答题、搅拌转速的设置、发酵温度设置、中间补料、发酵终点等（见图 6-6）。

1.pH 电极校正与设置

2.发酵温度设置

3.溶氧环节答题

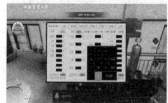
4.搅拌转速设置

5.中间补料

6.发酵终点

图 6-6　发酵过程控制交互操作

第五个模块为角蛋白酶分离提取：角蛋白酶发酵液先经板框压滤，滤液用 30%乙醇沉淀去粗蛋白，上清液通过 70%乙醇沉淀，再过滤离心得到沉淀物，沉淀经冷冻干燥后即为角蛋白酶粗酶产品。最后通过离心过滤得到发酵产物——角蛋白酶。

共计 6 个主要交互操作，共 52 步。主要包括板框压滤、一次醇沉、一次过滤离心、二次醇沉、二次过滤离心、冷冻干燥等（见图 6-7）。

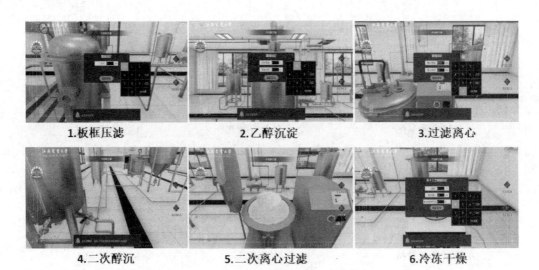

1.板框压滤　　　　　2.乙醇沉淀　　　　　3.过滤离心

4.二次醇沉　　　　　5.二次离心过滤　　　　6.冷冻干燥

图 6-7　角蛋白酶分离提取交互操作

第六个模块为乙醇回收：酒精回收塔工作原理是利用酒精沸点低于水沸点的原理，用稍高于酒精沸点的温度，将需回收的稀酒精溶液进行加热挥发，经塔体精馏后，析出纯酒精气体，提高酒精溶液的浓度，达到回收酒精的目的。

酒精回收塔由塔釜、塔身、冷凝器、冷却器、缓冲罐、高位贮罐六个部分组成。

共计 5 个主要交互操作，共 16 步。主要包括酒精回收塔中部进料、塔底蒸汽加热、塔顶乙醇蒸汽冷凝、回流样检测、乙醇回收（见图 6-8）。

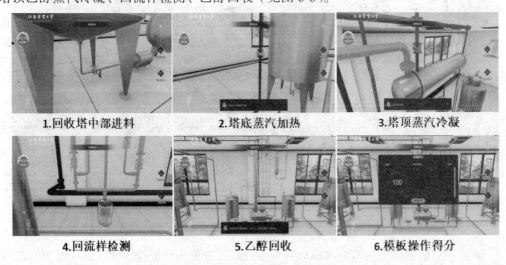

1.回收塔中部进料　　　2.塔底蒸汽加热　　　3.塔顶蒸汽冷凝

4.回流样检测　　　　　5.乙醇回收　　　　　6.模板操作得分

图 6-8　乙醇回收交互操作

三、实验评价与考核

（1）学生端：自主参加、自动考核的评价体系。本课程由系统自动对操作进行评判，学生自主决定实验报告和实验成绩是否上传。在任一实验环节结束后均会自动弹出实验评分报告，即时将信息反馈给学生（图6-9）。学生可根据报告结果，对错误详情进行分析和总结，自主决定是否要对某一环节进行重新考核。

图 6-9　实验成绩

（2）教师端：即时记录、智能分析、适时反馈评价结果。教师可以登录后台，查看学生的日常练习使用评率、成绩统计、错误详情等信息。教师可以通过数据反馈和分析，管理各班级学生相关信息，有针对性地加强薄弱专业和知识点的培训。教师可以查看所有班级的考核结果；可以点击查看详情，了解该班级的考核平均分和具体错误详情；还可以点击单个学生，查看该生的考核结果，对考核结果不理想的同学，教师可通知该生重新考核（图6-10）。

| 详情 | | | | | | | | | | | ✕ |

实验名称： 角蛋白酶中试生产虚拟仿真实验

实验开始时间： 2024-06-23 19:51:14　　　　**实验结束时间：** 2024-06-23 20:48:09

实验满分： 100分　　　　　　　　　　　　　**实验得分：** 94

实验用时： 57分钟　　　　　　　　　　　　**实验结果：** 完成

步骤名称	步骤开始时间	步骤结束时间	步骤用时(秒)	步骤合理用时(秒)	步骤满分	步骤得分	步骤操作次数	步骤评价	赋分模型	备注
斜面接种	2024-06-23 20:48:20	2024-06-23 20:48:21	1	300	6	0	0	满意	6%	
摇瓶培养	2024-06-23 20:48:22	2024-06-23 20:48:23	1	300	6	0	0	满意	6%	
种子罐培养制备与消毒	2024-06-23 20:48:24	2024-06-23 20:48:25	1	300	10	0	0	满意	10%	
种子罐接种-火焰接种	2024-06-23 20:48:26	2024-06-23 20:48:27	1	180	6	0	0	满意	6%	
种子罐发酵培养	2024-06-23 20:48:28	2024-06-23 20:48:29	1	180	6	0	0	满意	6%	
无菌空气制备	2024-06-23 20:48:30	2024-06-23 20:48:31	1	180	5	0	0	满意	5%	
中试发酵罐的培养基配制与消毒	2024-06-23 20:48:32	2024-06-23 20:48:33	1	600	10	0	0	满意	10%	
大罐接种-原位移种	2024-06-23 20:48:34	2024-06-23 20:48:35	1	300	6	0	0	满意	6%	

实验分数区间分布图

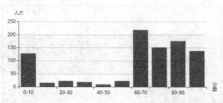

实验用时区间分布图

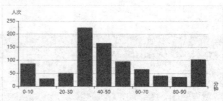

完成实验日期分布图

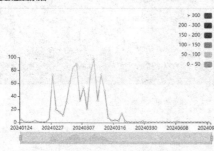

单人实验次数TOP10

图 6-10　教师端

本课程综合应用三维建模、虚拟现实、增强现实等技术手段，丰富虚拟仿真实验内容，优化实验结构。通过在线网络教学平台，实现实验预习、操作、结果、报告等一体化全过程考核，增加学生反复实验次数，真正实现人才培养的实验教学目标。本课程可从操作效果、知识点掌握等方面完成对学生进行综合性评价。

　　注：本课程已入驻国家虚拟仿真实验教学课程共享平台（空间实验 ilab-x.com），登录网址 http：//www.ilab-x.com/后，点击"实验中心"，搜索"江西农业大学"或"角蛋白酶"，点击对应项目进入实验，即可进行相关实验操作（图 6-11）。

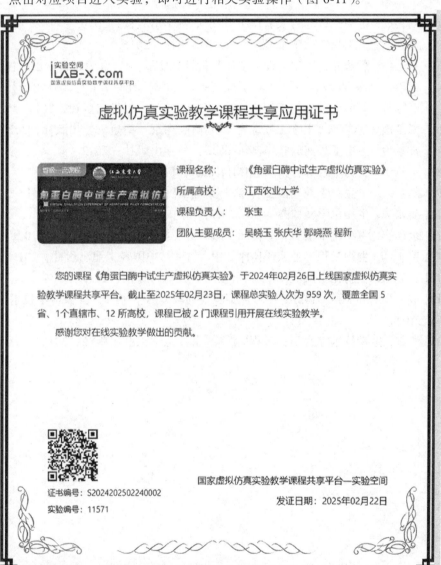

图 6-11　虚拟仿真实验教学课程共享平台

参考文献

[1] 刘喜朋. 生物工程综合实验[M]. 北京：科学出版社，2010.

[2] 勇强. 生物工程实验[M]. 北京：科学出版社，2015.

[3] 刘志伟，韩春艳. 生物工程综合性与设计性实验[M]. 北京：科学出版社，2015.

[4] 李霞，李海云，刘红艳. 生物工程实验指导[M]. 北京：化学工业出版社，2018.

[5] 王祎玲，段江燕. 生物工程实验指导[M]. 北京：科学出版社，2017.

[6] 张玉霞，孙碧珠. 生物工程综合实验[M]. 南京：南京大学出版社，2020.

[7] 常景玲. 生物工程实验技术[M]. 北京：科学出版社，2012.

[8] 王贵学. 生物工程综合大实验[M]. 北京：科学出版社，2013.

[9] 刘箭. 分子生物学及基因工程实验教程[M]. 3 版. 北京：科学出版社，2015.

[10] 姜余梅. 生物化学实验指导[M]. 北京：中国轻工业出版社，2017.

[11] 余冰宾. 生物化学实验指导[M]. 2 版. 北京：清华大学出版社，2010.

[12] 贾士儒. 生物工程专业实验[M]. 2 版. 北京：中国轻工业出版社，2010.

[13] 杨志敏. 生物化学实验[M]. 北京：高等教育出版社，2015.

[14] 钱立生，苗永美. 生物工程综合实验实训教程[M]. 合肥：安徽科学技术出版社，2018.

[15] 梁红. 生物技术综合实验教程[M]. 北京：化学工业出版社，2010.

附 录

附录 A　常用培养基的配制

1. 牛肉膏蛋白胨培养基（培养细菌用）

牛肉膏　3 g
蛋白胨　10 g
NaCl　5 g
琼脂　15 ~ 20 g
水　1 000 mL
pH　7.0 ~ 7.2
121 ℃灭菌 20 min。

2. 查氏培养基（培养霉菌用）

$NaNO_3$　　2 g
K_2HPO_4　　1 g
KCl　0.5 g
$MgSO_4$　　0.5 g
$FeSO_4$　0.01 g
蔗糖　30 g
琼脂　15 ~ 20 g
水　1 000 mL
pH　自然
121 ℃灭菌 20 min。

3. 马铃薯培养基（PDA 培养基）（培养真菌用）

马铃薯　200 g
蔗糖（或葡萄糖）20 g
琼脂　15 ~ 20 g

附录 B 常用有机溶剂沸点、相对密度表

名称	沸点/℃	相对密度（d）	名称	沸点/℃	相对密度（d4"）
甲醇	64.96	0.791 7	苯	80.1	0.878 6
乙醇	78.5	0.789 3	甲苯	110.6	0.866 9
乙醚	34.51	0.713 8	二硫化碳	46.25	1.263 2
丙酮	56.2	0.789 9	氯仿	61.7	1.483 2
乙酸	117.9	1.049 2	四氯化碳	76.54	1.594 0
乙酸酐	139.5	1.082 0	硝基苯	210.8	1.203 7
乙酸乙酯	77.06	0.900 3	正丁醇	117.25	0.809 8

附录 C 化学试剂的规格

级别	名称、纯度分类	代号	标签颜色	应用范围
一级品	保证试剂、优级纯	GR	绿色	精密科学研究和分析工作
二级品	分析试剂、分析纯	AR	红色	一般科学研究和分析工作
三级品	化学纯试剂	CP	蓝色	一般工业分析，无机、有机 制备
四级品	实验试剂	I.R	棕色	一般实验

附录 D 葡萄酒感官要求

项　目			要　求
外观	色泽	白葡萄酒	近似无色、微黄带绿、浅黄、禾秆黄、金黄色
		红葡萄酒	紫红、深红、宝石红、红微带棕色、棕红色
		桃红葡萄酒	桃红、淡玫瑰红、浅红色
		加香葡萄酒	深红、棕红、浅红、金红、淡黄色
	澄清程度		澄清透明，有光泽，无明显悬浮物（使用软木塞封口的酒允许有 3 个以下不大于 1 mm 的软木渣）
	起泡程度		起泡葡萄酒注入杯中时，应有细微的串珠状气泡生成，并有一定的持续性
香气与滋味	香气	非加香葡萄酒	具有纯正、幽雅、怡悦、和谐的果香与酒香
		加香葡萄酒	具有优美、纯正的葡萄酒香与和谐的芳香植物香
	滋味	干、半干葡萄酒	具有纯净、幽雅、爽怡的口味和新鲜悦人的果香味，酒体完整
		甜、半甜葡萄酒	具有甘甜醇厚的口味和陈酿的酒香味，酸甜协调，酒体丰满
		起泡葡萄酒	具有优美纯正、和谐悦人的口味和发酵起泡酒的特有香味，有杀口力
		加气起泡葡萄酒	具有清新、愉快、纯正的口味，有杀口力
		加香葡萄酒	具有醇厚、舒爽的口味和协调的芳香植物香味，酒体丰满
典型性			典型突出、明确